新版 健康と食生活

吉田　勉

【編著】

篠田　粧子
高森　恵美子
小林　理恵
鵜飼　光子
佐川まさの
新澤　祥恵
布施　眞里子
宮沢　栄次
小島　聖子

【著】

学文社

序

　近年，日本における食への関心の高まりは驚くべきものがあり，異常なまでの健康指向食品ブームはその一例である。一部にはそのような世情の背景の反映があって，食生活論議もまたきわめて盛んである。

　さて，食生活を論ずるとすれば，人文科学・社会科学・自然科学という各分野からのアプローチが可能であるけれども，すでにいくつかの労作の知られている人文科学・社会科学面からの論述と異なり，本書は主として自然科学面から考察する立場をとっている。それは，人間生存の基盤である食生活を論ずるには，第一義的に自然科学的視野が確立していなければならないと考えるからである。そのうえでこそ，他分野からの観点が生きたものとなるであろう。

　以上のような意図をもって記された本書が，行政・企業を問わず食にかかわる業務に従事し，または従事しようとしている人びとのみならず，消費者の立場で食に毎日接触している人びとや食に関心をもっている人びとに対し，健康な生涯を送るための食生活の一指標を与えることができるものと期待したい。

　さらに，本書の内容が，人文・社会科学的な食生活論への一つの示唆を与えるものであることを望むとともに，しかるべき機会に三分野の総合のうえに組み立てられるであろう食生活論の基盤になりうれば幸いである。

　本書の多くの部分について，先輩諸賢の研究論文を利用させて頂いたことに紙面を借りて感謝申し上げる一方，内容に関し，読者各位からの忌憚ない意見を賜りたいと願うものである。

　筆者らの力量からして，世界人類の食生活を考察するまでには至っていないし，また本書の読者対象を考え，主に日本の食生活について論ずることとした。しかし，本書を基礎として，いずれ将来において，国際社会に生きる日本人として世界人類の食生活を考える機会をもたなければならないと考えている。

　本書の前身，『食生活論』は1967年に学文社から出版されたが，健康に対する食生活の重要性が広く認識されてきたことに対応すべく，2002年には書名を『健康と食生活』と改めた。これら『食生活論』『健康と食生活』（以下，旧版と略す）は発行以来，執筆者の交代を挟みながら数回に亘る改版を行って，研究の進化と時代の変遷に合せる努力をして来た。しかし，旧版刊行後に生じた学問的新知見に加えて，各種関係法規の改正や統計データの変化も著しく，旧版の手直し程度では間に会わない面が多くなったため，このたび，旧版の骨格を残した上で，新たな内容を豊富に取り入れて本書を刊行することにした。

　また，現役を引退されたために執筆を辞退された秋山照子教授（第4章）および笠原利英教授（第7章）に代わって，第4章を佐川まさの助教ならびに第7章を小島講師に担当願った。同時に，鵜飼光子教授担当の第3章には小林理恵準教授，および布施眞理子教授

担当の第5章には新澤祥恵教授に参加して頂くこととした。

　健康の維持増進への意欲が著しく高まっている現在，本書が総合的な観点から健康と食生活を把握するための一大指針となる事を期待するものである。

　2016年3月

編著者記す

新版 健康と食生活・もくじ

1 食生活の意義
- 1.1 食生活の根本 …………………………………………………………………… 9
- 1.2 健康と食生活 …………………………………………………………………… 9
- 1.3 本書の内容 ……………………………………………………………………… 10

2 食生活と栄養士
- 2.1 日本における栄養思想と行政の歴史 ………………………………………… 12
  - 2.1.1 栄養思想の変遷と栄養行政の歴史 …………………………………… 12
  - 2.1.2 栄養行政 ………………………………………………………………… 14
- 2.2 栄養士の職務 …………………………………………………………………… 24
  - 2.2.1 地域社会における栄養士活動 ………………………………………… 24
  - 2.2.2 特定給食施設における栄養士活動 …………………………………… 26
  - 2.2.3 医療機関における栄養士活動 ………………………………………… 30

3 日本の食生活史
- 3.1 原始・古代 ……………………………………………………………………… 32
  - 3.1.1 時代的な背景 …………………… 32　　3.1.2 旧石器時代の食文化 …………… 32
  - 3.1.3 縄文時代の食文化 ……………… 33　　3.1.4 弥生時代の食文化 ……………… 33
  - 3.1.5 古墳時代から飛鳥時代の食文化 … 34　　3.1.6 奈良時代から平安時代 ………… 34
- 3.2 中 世 …………………………………………………………………………… 35
  - 3.2.1 時代的な背景 …………………… 35　　3.2.2 鎌倉から室町時代の食生活 …… 36
- 3.3 近 世 …………………………………………………………………………… 37
  - 3.3.1 時代的な背景 …………………………………………………………… 37
  - 3.3.2 安土・桃山から江戸時代の食文化 …………………………………… 38
- 3.4 近代・現代 ……………………………………………………………………… 39
  - 3.4.1 時代的な背景 …………………… 39　　3.4.2 明治時代から現代までの食生活 … 41

4 日本の食様式―食文化と食習慣―
- 4.1 日本の自然と稲作文化 ………………………………………………………… 45
  - 4.1.1 稲作の伝来 ……………………… 45　　4.1.2 米の食べ方 ……………………… 45
- 4.2 日本の食様式と異文化 ………………………………………………………… 47
  - 4.2.1 大陸文化の移入 ………………… 47　　4.2.2 南蛮文化の移入 ………………… 48
  - 4.2.3 欧米文化の移入 ………………… 49
- 4.3 行事食と伝承料理 ……………………………………………………………… 49
  - 4.3.1 年中行事と食べ物 ……………… 49　　4.3.2 通過儀礼と食べ物 ……………… 51
  - 4.3.3 行事食と日常食 ………………… 52　　4.3.4 郷土料理 ………………………… 53

4.4 料理形式の形成と定着……………………………………………………………54
 4.4.1 大饗料理………………54 4.4.2 本膳料理………………55
 4.4.3 精進料理………………56 4.4.4 懐石料理………………56
 4.4.5 会席料理………………57 4.4.6 これからの食様式の課題………58

5 栄養面からみた食生活

5.1 日本人の栄養状態………………………………………………………………60
5.2 乳幼児期…………………………………………………………………………61
 5.2.1 乳汁栄養期……………61 5.2.2 離 乳 期………………63
 5.2.3 幼 児 期………………65
5.3 学 童 期…………………………………………………………………………67
 5.3.1 小児肥満………………67 5.3.2 骨　　折………………69
 5.3.3 孤　　食………………70 5.3.4 学校給食………………70
5.4 青 年 期…………………………………………………………………………73
 5.4.1 欠　　食………………73 5.4.2 現代の脚気……………73
 5.4.3 女性の貧血……………74 5.4.4 摂食障害………………75
 5.4.5 妊 娠 期………………76
5.5 壮 年 期…………………………………………………………………………77
 5.5.1 メタボリックシンドローム…78 5.5.2 虚血性心疾患……………78
 5.5.3 脳 卒 中………………79 5.5.4 糖尿病・肥満……………80
 5.5.5 が　　ん………………82
5.6 老 年 期…………………………………………………………………………85
 5.6.1 低栄養…………………86 5.6.2 骨粗鬆症………………87
 5.6.3 長　　寿………………88

6 安全面からみた食生活—量的問題—

6.1 世界の食料資源…………………………………………………………………90
 6.1.1 先進国と開発途上国の栄養問題…90 6.1.2 世界の食料生産および貿易の現状…92
 6.1.3 世界の食料貿易交渉……………94 6.1.4 世界主要国の食料政策・食料事情…95
6.2 世界の食料需給の長期展望……………………………………………………98
 6.2.1 需要の増加……………98 6.2.2 食料生産基盤の脆弱化………100
6.3 農業と地域環境の保全…………………………………………………………103
 6.3.1 農業が環境に及ぼす悪影響………103 6.3.2 環境保全・持続型農業………105
 6.3.3 食料大量輸出入の弊害………109
6.4 日本の食料資源…………………………………………………………………111
 6.4.1 日本の食料自給率………111 6.4.2 日本の農業の特徴………112
 6.4.3 日本の果たすべき役割………113

7 安全面からみた食生活―質的問題―

- 7.1 飲食による健康被害 ··· 121
  - 7.1.1 食 中 毒 ·· 121
  - 7.1.2 細菌性食中毒 ···································· 124
  - 7.1.3 ウイルス性食中毒 ····························· 125
  - 7.1.4 自然毒食中毒 ···································· 125
  - 7.1.5 化学性食中毒 ···································· 126
  - 7.1.6 寄生虫症 ··· 129
- 7.2 食品中の汚染物質 ··· 130
  - 7.2.1 カビ毒（マイコトキシン） ············· 130
  - 7.2.2 農　薬 ·· 131
  - 7.2.3 ダイオキシン ···································· 132
  - 7.2.4 ビスフェノール A ···························· 132
  - 7.2.5 放射性物質 ·· 132
- 7.3 混入異物 ··· 133
- 7.4 食品添加物 ·· 133
  - 7.4.1 食品添加物とは ································ 133
  - 7.4.2 食品添加物の安全性の評価 ············· 134
  - 7.4.3 食品添加物の使用基準 ····················· 134
- 7.5 食品安全にかかわる新たな問題 ··· 136
  - 7.5.1 食品成分の変化により生ずる有害物質 ·· 136
  - 7.5.2 肉の生色による健康被害 ················· 138
- 7.6 健康にかかわる食品 ··· 139
  - 7.6.1 保健機能食品 ···································· 139
  - 7.6.2 特別用途食品 ···································· 141
  - 7.6.3 効能効果の問題 ································ 141
- 7.7 その他の食品の安全性問題 ·· 141
  - 7.7.1 遺伝子組換え食品 ····························· 141
  - 7.7.2 輸入食品 ·· 143
  - 7.7.3 食物アレルギー ································ 143
  - 7.7.4 粉製品に繁殖したダニによる即時型アレルギー ·· 143
- 7.8 日本における食品安全対策 ·· 144
  - 7.8.1 食品の安全性確保に関するリスク分析 ·· 144
  - 7.8.2 食品安全対策にかかわる法律 ······ 145
  - 7.8.3 食品衛生管理 HACCP ···················· 146
- 7.9 健康で安全な食生活を送るために，賢い消費者となろう ····················· 147

8 健康のための食生活

- 8.1 現代における日本の食生活の問題点 ··· 150
- 8.2 栄養・食糧・食品公害問題 ·· 150
  - 8.2.1 栄養問題 ·· 150
  - 8.2.2 量的安全問題：食糧資源 ················· 151
  - 8.2.3 質的安全問題：有害食品 ················· 151
- 8.3 日本人の食生活の一方向 ·· 151

付　表 ·· 154

索　引 ·· 157

1 食生活の意義

1.1 食生活の根本

　食生活は，各民族，地域さらには各家庭がそれぞれ固有に，伝統・伝承をもっているものである。したがって，食生活の内容は民族，地域あるいは家庭で千差万別なものであるけれども，大局的には，その民族・地域・家庭のおかれた風土・立地や社会・経済条件に大きく左右されている。

　いまもって毎日の糧（カテ）にも欠乏し，飢餓状態を余儀なくされている食生活の人びとがいる反面，食べることを娯楽の一種として飽食を満喫している食生活の人びともいるのである。

　そもそも食生活論とは，食にかかわる生活現象全般を対象とするのであるから，食べ物だけではなく，それをとりまく生活全般からの視点が大切なことはいうまでもない。しかし，そのために，人間が食生活を維持するうえでの基本的最重要なものを軽視するとすれば，本末転倒もはなはだしいといわざるをえない。その最重要なものは何であるかを常に念頭におくべきである。

　すなわち，食生活の根本は，食べることにより生命を保つことであり，願わくば健康に生きることである。これを忘れては，食生活は成り立たないのである。

1.2 健康と食生活

　育ち，食べ，働き，眠るなどの生活現象を円滑に運営して疲労を覚えず，快適な精神状態を維持して天命をまっとうするという，いわゆる健康を保持しうることを希望しない人はいないであろう。健康を維持増進あるいは回復するためには，遺伝的体質や心身の適度な運動・休養はもちろん重要であるけれども，また良好な環境の存在することが大前提である。この外部環境の破壊は，身体という内部環境の破壊，すなわち健康破壊に100パーセントつながる。日光，空気および水を含む住環境，タンパク質・ビタミンなどという栄養素を含む食環境，さらには人体に直結する衣環境，その他の外部環境が良好で，この外部環境からの毒物や（微）生物などが内部環境に悪影響を与えないということが，健康保持のために必要なのである。

　さて，ここでは，外部環境としての食品というものについて考察を加えたい。食品とは，嫌悪することなく食べられるものである，という定義があるが，このようなものでよいのであろうか。要するに，この定義から引き出せる方向は，食品はうまく食べることが大切だということになる。

　そもそも食品の価値を決める因子としては，つぎの五つをあげることが普通であ

る．それは，安全性・栄養性・し好性・経済性・便宜性である．この五因子のうちの一因子，すなわち，し好性を抽出しているのが前記の食品の定義である．しかし，この定義には，食品として最も重要な因子であるところの安全性という観点がまったく欠落している．たしかに食べておいしいけれども，それを食べたらコロッと死んでしまった，というのでは食品とはいえない．食品というものの根底には，常識的な使用範囲での毒性がないという大前提があり，そのうえでこそ嫌悪することなく食べられるものであるはずである．

　正常な生活にあっては，健康を確保するために必要な栄養素の補給は，ほとんどすべてを食品にあおいでいる．したがって，食品の価値を決めるものはまず安全性で，ついで栄養性ということが明確に認識されなければならない．そのあとに，おいしくて，安くて，しかもインスタント食品に代表されるような便利さがでてくるべき性質のものであると考える．これらの後続的な三因子，すなわち，し好性・経済性・便宜性もたしかに食品の価値という面からみて非常に大切である．しかし，まず，食品の見かけの風味の良さというようなし好性に目をうばわれ，さらに安くて簡便なという選択肢を重視していて，食品として基本的な意味をもつ安全性ついで栄養性を軽視していたことが，今日のいわゆる食品公害さらには生活習慣病をもたらした一大誘因と思われる．それゆえ，まず食品にかかわる研究者・技術者が，いまこそ食品というものの本質を正しくとらえることが切望されるのである．

　消費者としては，店頭で売っている食品を，各人のし好性，経済性および便宜性という観点から安心して購入でき，ささやかながら楽しい食生活を味わえる世の中であってほしいと念願するものであるが，現状はそうではない．それゆえ，食品に関係する研究者・技術者さらに行政担当者あるいは企業に対して，消費者住民が口を酸っぱくして，まず食品の安全ついで栄養を叫ばなければならない事態は，まだ当分解消しないと予想されるのである．

1.3　本書の内容

　健康の保持増進に必要な食生活についての，国際的ないし各地域的視野からの考察はもとよりつねに重要ではあるが，かぎられた紙数であるし，特に本書の読者対象を考えて，主として日本を中心に日本人の立場から，自然科学的側面の強い食生活論を展開することにする．

　まず，本書の読者としては，各分野で食生活の向上発展をめざして活躍している栄養士（管理栄養士を含む）またはその希望者も含まれるため，国民の健康を維持増進するための食生活に貢献している栄養士の役割や歴史的変遷にふれる．

　つぎに，今日に至った日本人の食生活の歴史的経過の足どりを辿って，固有の風土につちかわれた環境と社会的要因との関連を理解する．

　さらに，このような日本人の食生活が食文化・食習慣として成立するに至った過程

を，近隣諸国の交流面を加えてとりあげる。このことは，国際化社会に生きていかなければならない現代の日本人に対しても，示唆するところが多いはずである。

これらの基礎のうえに，日本人の食生活の現状を分析して綿密な対策をたてる努力が要求されよう。

その方向としては，前記のように，何よりも食べ物の安全性および栄養性の確保ということを考えなければなるまい。そこで，まず栄養面としては栄養素摂取のアンバランス（過剰と不足）に基づく各種不健康状態を考えることにする。ついで，最も重要な安全面からは，世界の人口問題や日本に特徴的な著しい食糧自給率低下が背景の食糧問題に関する量的面と，いわゆる日本の食品公害という言葉に代表される質的面に関する追究を行う。

以上からわかるように，本書の内容はつぎのように組み立てられている。

栄養士の役割		2章
日本の食生活の変化		
食生活史		3章
食様式—食文化と食習慣—		4章
日本の食生活の現状と対策		
栄養面		5章
安全面	量的問題（食糧資源）	6章
	質的問題（有害食品）	7章

本書では，日本における食生活論の一つの方向を示した。しかし，ここに記した健康をめざした食生活の解析方法は，世界全体にも拡大できるであろうし，またある限局された地域にも適用できるであろう。

【参考文献】
吉田勉編：公衆栄養入門，有斐閣（1978）
吉田勉：食生活の安全，三共出版（1978）
内藤博・吉田勉編：栄養学（Ⅰ），有斐閣（1979）

2 食生活と栄養士

2.1 日本における栄養思想と行政の歴史
2.1.1 栄養思想の変遷と栄養行政の歴史
(1) 明治期まで

今日の"栄養"(明治までは"営養"という字が当てられた)という言葉が使われ始めたのは,明治時代に西欧から"Nutrition"の知識が伝えられた後のことである。

明治以前,栄養に関する学問は中国から伝えられ,今日の栄養という概念を示す言葉としては"養生"あるいは"食養生"という言葉が当てられていた。

たとえば,栄西(1141~1215)の『喫茶養生記』や貝原益軒(1630~1714)の『養生訓』には健康論が著されているが,これらの書物に基づいて食事を考えることができたのは,きわめてわずかの者のみであった。しかし,一般庶民も,食が生命や健康と深く関係していることは,体験を通して知っていたため,これらの食に関する体験的知識はことわざや言い伝えとして伝達され,地域に合った食習慣が築かれていった。しかし,"養生"という言葉が使われていた時代の知識には,科学的根拠に乏しいものが多く,個人がその人なりに生活する上での指針といった傾向が強かった。

一方,統治者にとっては一般庶民の生活向上は脅威になるという考え方から,倹約・粗食を美徳とする時代が長く続いた。

明治になると,近代国家として諸外国との国交が広がり,"富国強兵"が国の重要課題となったが,明治初期における軍隊では脚気による兵力低下が大きな問題であった。

海軍においては高木兼寛(1849~1920)が,日本食のタンパク質不足と炭水化物過剰が脚気の原因と考え,炭素・窒素比に基づいた兵食改良を行った。この結果,脚気患者は激減した。さらに表2.1に示されているように,1884(明治17)年以降の兵食改良により,脚気以外の一般疾病患者も減少したことがわかる。

一方陸軍では,森林太郎(1862~1922)が脚気と食事の関係を検討し,海軍とは考えを異にする在来日本食の改善による栄養改善を唱えた。兵員の数や給食設備などの違いもあり,海軍で効果のあった兵食改良を実施しなかった陸軍では,日清戦争(1894~95)においても4万7586名の患者,2410名

表2.1 海軍における患者数

	兵員数	脚気患者数	一般疾病数		兵員数	脚気患者数	一般疾病数
1878	4,528	1,485	17,788	1884	5,638	718	10,515
9	5,081	1,978	22,426	5	6,918	41	6,866
80	4,956	1,725	22,819	6	8,475	3	4,894
1	4,641	1,163	15,766	7	9,106	—	3,954
2	4,769	1,929	12,074	8	9,184	—	3,679
3	5,346	1,236	16,380	9	8,954	3	3,480

資料:海軍中央衛生会議(1890)

の死者が記録されている。

両者の持論は世論を高め，白米や糠の栄養研究が盛んになり，1910（明治43）年には鈴木梅太郎（1874～1943）が糠から抗脚気因子の抽出に成功した。疾病と食事の関係が科学的に明らかになったことで，軍だけでなく国民の食事改善の必要性も認められるようになった。

(2) 大正期

アメリカで栄養学を研究した佐伯 矩（ただす）（1876～1959）は，国民の食生活改善の重要性を唱え，1914（大正3）年に私立の栄養研究所を設立した。そして栄養思想の普及や栄養に関する研究に力を注ぎ，保健食献立の提示，学校給食の実施，節米の奨励などに当たった。"営養"を"栄養"に改めるよう文部省に申し入れたのも佐伯である。

1920（大正9）年，国民の食生活改善の重要性を認めた国は，国立栄養研究所を設立し，佐伯を初代所長として迎えた。当時の研究内容は，分課規定によりつぎのように定められていた。

基礎研究部 化学分析に関する事項，新陳代謝試験に関する事項，生理及び病理に関する事項，細菌に関する事項，物理に関する事項。

応用研究部 食糧品に関する事項，天然食品（水産品，救荒食品を含む），加工食品，経済栄養に関する事項，貯蔵配給に関する事項，調理及び器具に関する事項，小児栄養に関する事項，廃物利用に関する事項。

調査部 調理，統計，史料に関する事項，講習，展覧，宣伝に関する事項。

その後1923（大正12）年の関東大震災に際しての被災者救援活動や小学校給食の実施を通して，栄養を専門とする者を養成する必要性が高まってきた。

しかし，国による養成は経済的理由などで実施されず，1925（大正14）年佐伯により私立の栄養学校が設立された。翌26年に世に出た第一期の卒業生15名は欧米の"Nutrition expert"または"Nutritionist"に相当するものとして，"栄養士"と呼ばれた。栄養士は各官庁のほか，事業所，病院，児童施設などに就職し栄養学の実践に当たるようになった。

(3) 第二次大戦以前

昭和初期には栄養士が地方での栄養知識の普及に当たるようになり，国民の栄養改善が進められた。しかし第二次大戦の戦時体制下に入るにつれ，食糧事情が厳しくなり，乏しい食糧状況下では国民の栄養素確保が第一の課題となった。

日本では1941（昭和16）年に「日本人栄養要求量標準」，44（昭和19）年に「戦時最低栄養要求量」，さらに翌45（昭和20）年に「年齢別・性別戦時必需熱量および蛋白量」を発表した。これらは，戦争遂行のため必要となる食糧を算定する目的で検討されたものであった。

また1944年，急迫した食糧問題に対処するため，政府により大日本栄養士会が設立され，翌年6月には戦時下の栄養実状調査が実施された。

そして1945年4月には「栄養士規則」および「私立栄養士養成所指定規則」が制定され，栄養士が公式の称号として認められた。

(4) 戦後復興期

1945年8月の敗戦当時，日本の食糧不足は深刻で国民の飢餓と栄養失調からの脱出が急務であった。食糧不足解決のため，日本は占領軍の指導による国民栄養調査を，まず東京都内で同年12月に行い，翌46（昭和21）年2月には全国規模で実施した。この調査結果を基に，占領軍の食糧放出や食糧輸入が行われ，国内の食糧増産と合わせて極度の食糧不足は解決に至った。

この時期は国民の栄養状態改善のため栄養行政に重点がおかれ，栄養関係法規の整備が進められた。「栄養士法」（1947年公布）により法的根拠を持った栄養士は，「栄養改善法」（1952年公布）に沿って国民への栄養知識の普及などに努めることになった。当時の栄養知識の普及は，国民全体の栄養素欠乏状態を改善し細菌性感染症を予防することを主な目的とし，集団を対象に行われることが多かった。

(5) 経済成長期以降

戦後の復興を果たした1955（昭和30）年頃から，日本は工業・貿易の発展により経済が安定し，国民の栄養状態は改善され，細菌性感染症は激減した。

一方，工業のめざましい発展は，公害など環境問題の発生を招いた。電化製品の普及や加工食品の開発，外食産業の広まりなどにより，食生活は多様化・簡便化されたが，それは同時に食品添加物や遺伝子組換え食品などの安全性，生活習慣病患者の増加，欠食・個食・孤食の増加などつぎつぎと新たな問題を生み出す結果となった。

国は，生活習慣病予防や健康の維持増進に重点をおいた健康づくり運動の展開，民間活力導入や保健・医療・福祉連携による高齢化社会への対応などを続けてきた。2008（平成20）年度からはメタボリックシンドロームの概念を導入した「特定健診・保健指導」を医療保険者に義務づけ，保健指導は医師，保健師，管理栄養士が担うことになった。これからの管理栄養士には行動変容につながる効果的な保健指導が求められている。

また食品の安全性においては，表示制度の整備を進め消費者への情報提供に努めている。

2.1.2 栄養行政

(1) 栄養行政の始まり

1926（大正15）年に栄養士が各官庁ほかで勤務するようになり，37（昭和12）年制定の「保健所法」では保健所の役割の一つに栄養改善がとりあげられた。翌38年には「国民体力の向上と国民福祉の増進を図るため，これに関する行政を綜合統一する」として，明治時代から，文部省医務課その後内務省衛生局を中心に行われていた栄養行政が，内務省から分かれ厚生省で行われることになった。以後栄養に関する行政は厚生省の管轄となり，2001（平成13）年から厚生労働省へと引き継がれている。

(2) 栄養行政組織の確立

1946（昭和21）年，厚生省公衆保健局に栄養行政全般を担う「栄養課」が新設された。翌47年には，新たな「保健所法」の制定により，保健所に栄養士が1名以上配置されることになった。

1984（昭和59）年，「栄養課」は「健康増進栄養課」と改組され，健康増進施策に力を入れた。

さらに，1994（平成6）年「保健所法」が「地域保健法」に改正された。それによる保健所の役割の見直しに伴い，97（平成9）年から，保健所は地域保健の専門的・技術的拠点としての役割を担い，住民への直接の行政サービスは市町村が行うことになった。

2001（平成13）年に，行政改革の一環として中央官庁の再編成が行われ，厚生省は労働省と合併，「厚生労働省」として出発した。現在栄養行政は，「健康局」が主体となって行われている。

なお，80年間にわたり国民の栄養・食生活の改善や健康増進に関する多くの調査・研究を行ってきた国立健康栄養研究所（旧：国立栄養研究所）は，1949（昭和24）年から厚生省の付属機関となっていたが，行政改革の一環として2001（平成13）年4月から独立行政法人となった。現在，国立健康栄養研究所が担当する栄養行政に関する業務は，国民健康・栄養調査の集計・分析，特別用途食品の許可等に係る試験，日本人の食事摂取基準に係る研究，生活習慣病の栄養療法や高齢者の食を通した介護・支援，食育推進のための食環境整備，健康食品の安全性に関する国民への情報提供など多岐にわたる。

(3) 栄養関係法規の整備と変遷

栄養に関する法規は多いが，特に，国民保健の向上を図る目的で制定された「健康増進法」と，栄養士の身分を規定する「栄養士法」は重要である。

a 健康増進法

1952（昭和27）年に制定された栄養改善法は，栄養改善により国民の健康及び体力の維持向上を図ることを目的とした，栄養行政の基本となる法律であった。この法律により，国民栄養調査の実施，市町村による栄養相談の実施，集団給食施設における栄養管理などが規定されていた。

高齢化社会の日本においては，健康寿命の延長および生活の質の向上を実現するために，生活習慣病の予防が重要である。このため，国は2000（平成12）年度から国民健康づくり運動「健康日本21」を展開してきた。一方，医療制度改革においても，健康づくりや疾病予防の推進のための法的基盤を含めた環境整備に関する検討がなされた。その結果，生活習慣病予防のさらなる推進のため「健康日本21」に法的根拠を与え，国民の健康増進を総合的に支援する法律として，2002（平成14）年に健康増進法が制定された。

健康増進法では，食生活に限らず，運動，休養，飲酒，喫煙，歯の健康など生活習慣全般に関して規定されている。そのなかにはこれまで栄養改善法で規定されていた食生活に関する事項も含まれ，健康増進法の施行により栄養改善法は廃止となった。

健康増進法2条において，「国民は，健康な生活習慣の重要性に対する関心と理解を深め，生涯にわたって，自らの健康状態を自覚するとともに，健康の増進に努めなければならない」と，国民の健康は個人の責務と規定している。さらに，国民の健康を支援することが国，都道府県，市町村，健康増進事業実施者等関係者の責務としている。

栄養士・管理栄養士も，国民の健康増進を担う者として，医師，保健師，歯科衛生士など他職種と相互に連携を図りながらの幅広い活躍が期待されている。

b 栄養士法

1947（昭和22）年，栄養士に関する法的根拠を示すものとして「栄養士法」が公布され，翌48年1月1日施行された。これに伴い45年の栄養士規則は失効した。そして栄養士法の規定を実施するため，栄養士法施行令（政令）と栄養士法施行規則（省令）が相次いで公布された。

栄養士法は，栄養士（後に管理栄養士も加わる）の資格・免許・業務などを定めた身分法といわれる法規であるが，業務の独占に関する規定は定められていない。

その第1条において，「栄養士とは，栄養士の名称を用いて栄養の指導に従事することを業とする者」とされている。

栄養士法は管理栄養士および栄養士の資質の向上を図り，数回の改正を経て現在に至っている。その主なものを述べる。

① 1950（昭和25）年，栄養士養成施設は「修業年限1年以上であること」とされていたものが，「2年以上」に改正され，学制改革に伴う新制大学・短大の発足とあいまって，栄養士養成施設としての大学・短大指定基準が示された。現在では多くの養成施設が許可されているが，その状況は表2.2に示すとおりである。

栄養士法2条において，
「次に掲げる者は，都道府県知事の

表2.2 養成施設認可状況

年度	栄養士養成施設（累計）	管理栄養士養成施設（累計）	年度	栄養士養成施設（累計）	管理栄養士養成施設（累計）
1950	17		1995	258	29
60	111		2000	262	41
70	227	30	2005	218	102
80	242	31	2010	169	130
90	245	29	2015	135	137

資料：(社)全国栄養士養成施設協会

表2.3 栄養士免許交付数の推移

年	総数（累計）	免許交付数	免許取得資格 養成施設卒業	免許取得資格 試験合格
1945～1950	7,070	−	−	−
1955	17,937	3,822	3,452	370
1965	94,705	10,029	9,971	58
1975	245,051	17,506	17,332	174
1985	433,378	19,259	19,246	13
1995	639,578	22,110	22,110	0
2005	854,290	18,873	18,873	0
＊2010	949,352	17,298	17,298	0
2011	967,336	17,984	17,984	0
2012	985,348	18,012	18,012	0
2013	1,003,915	18,567	18,567	0
2014	1,023,005	19,090	19,090	0

＊宮城県を除く
資料：厚生労働省報告例（1996年まで各年12月末現在，2000年から各年度末現在）

表2.4 管理栄養士免許交付数の推移

年	総数(累計)	登録者数	免許取得資格		
			試験合格	登録特例	養成施設卒業
1965	1,671	420	290	130	–
1975	9,878	1,566	226	155	1,185
1985	28,097	2,047	434	318	1,295
1995	71,733	5,250	5,225	0	25
2005	122,807	7,637	7,633	0	4
2010	157,472	8,017	8,010	0	7
2011	166,040	8,568	8,556	0	12
2012	176,391	10,351	10,346	0	5
2013	184,229	7,838	7,830	0	8
2014	194,445	10,216	10,211	0	5

資料：厚生労働省健康局（各年12月末現在）

表2.5 管理栄養士国家試験実施状況

	受験者数	合格者数	合格率
14回（2000年）	20,775	4,716	22.7%
19回（2005年）	30,475	7,705	25.3
24回（2010年）	25,047	8,058	32.2
25回（2011年）	19,923	8,067	40.5
25回追加（2011年）	1,562	532	34.1
26回（2012年）	21,268	10,480	49.3
27回（2013年）	20,455	7,885	38.5
28回（2014年）	21,302	10,411	48.9
29回（2015年）	19,884	11,068	55.7

注）第20回から，平成12年栄養士法改正後の受験資格および試験科目による
資料：厚生労働省健康局

免許を受けて栄養士になることができる。

　1　厚生大臣の指定した栄養士養成施設において2年以上栄養士たるに必要な知識及び技能を修得した者

　2　厚生大臣の行なう栄養士試験に合格した者」

と規定されており，当時は栄養士試験が実施され，その合格者も栄養士免許が与えられていた。栄養士免許の交付状況は表2.3のとおりである。

　②　1962（昭和37）年，栄養指導業務に従事する栄養士の資質の向上と集団給食施設における栄養管理の強化充実を図る目的で，管理栄養士制度が発足した。栄養士法1条において，管理栄養士とは，栄養指導業務であって「複雑又は困難なものを行う適格性を有する者として登録された栄養士」であると規定された。栄養士が「免許制」であるのに対し，管理栄養士は「登録制」であった。

管理栄養士も，発足当時は許可された養成施設の卒業生及び管理栄養士試験の合格者が登録することとなっていた（5条の2）。

管理栄養士養成施設の認可状況は表2.2のとおりである。

　③　1985（昭和60）年，成人病（現：生活習慣病）等の慢性疾患の増加に対して，食生活改善のための指導の充実が高まった。そのため，「管理栄養士及び栄養士の資質の向上並びに管理栄養士による指導体制の整備を図る」ための改正が行われた。

この改正では，栄養士試験を廃止し，栄養士免許はすべて厚生大臣の指定した養成施設の卒業者に与えるものとした（2条）。

また，管理栄養士養成施設の卒業者について無試験で管理栄養士の登録を行う制度を廃止し，全面的に国家試験制度となった（5条の2）。

管理栄養士免許交付数の推移と最近の管理栄養士国家試験実施状況は表2.4および表2.5に示すとおりである。

　④　2000（平成12）年，増加する生活習慣病の発症と進行を防ぐには食生活改善が重要であり，個人の身体状況や栄養状況を総合的・継続的に評価・判定し適切に

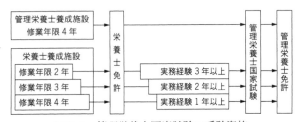

図 2.1　管理栄養士国家試験の受験資格

指導できる高度な専門的知識・技能を有する管理栄養士育成が必要となってきたことから，栄養士法の改正が行われた。

この改正で第1条の栄養士・管理栄養士の定義はつぎのように改正された。

「第1条　この法律で栄養士とは，都道府県知事の免許を受けて，栄養士の名称を用いて栄養の指導に従事することを業とする者をいう。

②　この法律で管理栄養士とは，厚生労働大臣の免許を受けて，管理栄養士の名称を用いて，傷病者に対する療養のため必要な栄養の指導，個人の身体の状況，栄養状態等に応じた高度の専門知識及び技術を要する健康の保持増進のための栄養の指導並びに特定多数人に対して継続的に食事を供給する施設における利用者の身体の状況，栄養状態，利用の状況等に応じた特別の配慮を必要とする給食管理及びこれらの施設に対する栄養改善上必要な指導等を行うことを業とする者をいう。」

管理栄養士の資格は「登録制」を「免許制」と改正し（5条），専門知識や技能の高度化を図り，管理栄養士国家試験の受験資格を見直した。これにより，図2.1に示すように受験資格としての実務経験年数は栄養士養成施設の修業年限に応じ1～3年となった。また，今まで管理栄養士養成施設卒業者に対して試験科目の一部免除が行われていたが，これを廃止した。

　　c　その他の栄養関係法規

活動する部署によりつぎのようなものがあり，以下の法律にはそれぞれ運用上の問題を示した政令（令）や省令（規則）が付随している。

　　医　事　関　係　　医療法，医師法
　　学校給食関係　　学校給食法，学校保健安全法，夜間課程を置く高等学校における学校給食に関する法律，盲学校・ろう学校及び養護学校の幼稚部及び高等部における学校給食に関する法律，食育基本法
　　集団給食関係　　船員法，防衛省職員給与法，監獄法，少年院法，婦人補導院法，社会福祉法，児童福祉法，知的障害者福祉法，老人福祉法，身体障害者福祉法，介護保険法
　　労働衛生関係　　労働基準法
　　公衆衛生関係　　地域保健法，食品衛生法，製菓衛生師法，感染症予防法

(4)　その他の栄養関連行政

　　a　食事摂取基準の策定

第二次世界大戦下においては，1941（昭和16）年の「日本人栄養要求量標準」の作成以来，45年の敗戦までに5回の栄養所要量作成が行われ，食糧不足のなかでの

表 2.6 食事摂取基準改定の変遷

発年月	審議機関	発表内容
1940 年	食糧報国連盟	日本国民食栄養規準・妊産婦，授乳婦栄養規準および労作別職業分類発表
1941 年	厚生科学研究所国民栄養部	日本人栄養要求量標準
		発育期労作別熱量および蛋白質要求量ならびに日本人1人1日栄養要求量標準
1943 年	日本学術振興会（第16小委員会）	国民栄養規準
1944 年	食糧行政査察使栄養規準委員会	国民栄養規準ならびに作業強度別職業分類表
	調査研究動員本部	戦時最低栄養要求量
1945 年	科学技術審議会	年齢別・性別戦時必需熱量および蛋白質，作業別戦時栄養規準
1947 年	国民食糧及び栄養対策審議会（内閣）	日本人1人1日当たり所要摂取量
1949 年	同上（経済安定本部）	日本人年齢別・性別労作別栄養（熱量および蛋白質）摂取基準量
1952 年	資源調査会食糧部会（経済安定本部）	微量栄養素（無機質およびビタミン）摂取基準量
1954 年	総理府資源調査会	日本人の栄養基準量策定
1959 年 2 月	科学技術庁資源調査会	日本人の栄養所要量の改定勧告
1959 年 12 月	栄養審議会	熱量所要量改定
1960 年	同上	蛋白質，無機質，ビタミン所要量改定
	同上	日本人の1人1日当たり栄養基準量
1963 年	同上	栄養基準量（昭和45年（1970）を目途とした）および食糧構成基準
1969 年	同上	日本人の栄養所要量
1970 年	同上	昭和50年（1975）を目途とした栄養基準量
1975 年	同上	第一次改定日本人の栄養所要量
1979 年	公衆衛生審議会	第二次改定日本人の栄養所要量
1984 年	同上	第三次改定日本人の栄養所要量答申
1989 年	同上	第四次改定日本人の栄養所要量答申
1994 年	同上	第五次改定日本人の栄養所要量答申
1999 年	同上	第六次改定日本人の栄養所要量―食事摂取基準―
2004 年	日本人の栄養所要量―食事摂取基準―策定検討会	日本人の食事摂取基準（2005年版）
2009 年	「日本人の食事摂取基準」策定検討会	日本人の食事摂取基準（2010年版）
2014 年	「日本人の食事摂取基準（2015年版）」策定検討委員会	日本人の食事摂取基準（2015年版）

国民の栄養素等確保の資料として利用された。

　戦後は，1947（昭和22）年に「日本人1人1日当たり所要摂取量」が発表され，以後数次の改定が行われている（表2.6）。1979（昭和54）年以降は5年ごとに改定されている。栄養所要量は国民の健康の保持・増進のための標準となるエネルギーおよび各栄養素の摂取量を示したもので，主眼は欠乏症の予防にあった。しかし，しだいに生活習慣病予防が重要となり，第六次改定では過剰症への対応がなされた。2005（平成17）年度から使用の「日本人の食事摂取基準（2005年版）」からは「摂取範囲」と「確率論」という考え方が導入され，第六次改定まで用いられた「栄養所要量」にかわり，食事摂取基準の指標が設定された。2015（平成27）年度から使用の「日本人の食事摂取基準（2015年版）」では，高齢化の進展や生活習慣病者の増加を踏まえ，生活習慣病の発症予防に加え重症化予防が策定目的として明記された。

b　国民健康・栄養調査の実施

　日本の栄養調査記録としては1885（明治18）年東京司薬場が鍛冶橋監獄で行ったものが最初である。

表 2.7　食品成分表の変遷

年	編者	書名
1887	田原良純	常用食品成分表
1902	相模嘉作	食物彙纂
1909	衛生試験所	飲食物並嗜好品分析表
1931	栄養研究所	日本食品成分総攬
1934	衛生試験所	飲食物並日用品類分析表
1946	厚生省研究所国民栄養部研究会	食品栄養価要覧
1947	国民食糧及栄養対策審議会	暫定標準食品栄養価分析表
1950	同上	日本食品標準成分表（538 食品）
1954	資源調査会（科学技術庁）	改訂日本食品標準成分表（695 食品）
1963	同上	三訂日本食品標準成分表（878 食品）
1978～80	同上	三訂補日本食品標準成分表（1,182 食品）
1982	同上	四訂日本食品標準成分表（1,621 食品）
2000	同上	五訂日本食品標準成分表（1,882 食品）
2005	文部科学省科学技術・学術審議会	五訂増補日本食品標準成分表（1,878 食品）
2010	同上	日本食品標準成分表 2010（1,878 食品）
2015	同上	日本食品標準成分表 2015 年版（七訂）（2,191 食品）

栄養改善法が制定されてからは，同法に基づいて国民栄養調査が毎年実施されてきた。現在は栄養改善法の理念を引き継ぐ健康増進法に基づき，国民健康・栄養調査が毎年実施されている。その目的は同法 10 条に「国民の健康の増進の総合的な推進を図るための基礎資料として国民の身体状況，栄養摂取量及び生活習慣の状況を明らかにするため」と明記されている。

調査の内容は，身体状況，栄養（正しくは栄養素等）摂取状況および食生活状況となっている。1995（平成 7）年から世帯単位を改め，個人別の栄養素等摂取状況の調査が導入されたことにより，性・年齢階層別にみた栄養素等の平均摂取量が明らかになった。国民健康・栄養調査の結果は毎年『国民健康・栄養の現状』として公刊されている。

また国民健康・栄養調査とは別に，農林水産省では毎年『食料需給表』を発表している。『食料需給表』は，FAO の方式に従って日本の食品供給量から栄養素等供給量を求めたものである。

c　食品成分表の作成

栄養素等摂取量を知るためには，それぞれの食品の成分分析値が必要となる。明治時代からいくつかの食品成分表が公表されているが，日本食品標準成分表が発表されたのは 1950（昭和 25）年である。その後改訂を重ねている（表 2.7）。

『五訂日本食品標準成分表』からは，前述の食事摂取基準の改定に伴い，国際的な動向との整合性も図られ，栄養成分項目が追加されている。食生活は多様化し，時代とともに変化している。社会のニーズに対応した使いやすい食品成分表を目指し，収載食品数は改訂ごとに見直され増加してきている。

なお名称については，2010 年の改訂時には，どの時点の最新情報が収載されているのかを明確にするため，名称に公表年を付け加えた『日本食品標準成分表 2010』と改められた。2015 年改訂時には，文部科学省公表の最新成分表とわかるように，公表年だけでなく何回目の改訂かを明確にするための『七訂』が付記された。

d 食品の表示に関する制度

食品表示法

従来，食品の表示は，食品摂取時の安全性については食品衛生法で，品質についてはJAS（Japanese Agricultural Standard：日本農林規格）法で，栄養については健康増進法で規定されていた。食品衛生法と健康増進法は厚生労働省が，JAS法は農林水産省が所管していたため，複雑でわかりにくいものとなっていた。そこで消費者行政の一元化を目指し，2009（平成21）年に内閣府の外局として消費者庁が設置され，食品表示に関する制度は消費者庁の所管となった。さらに食品の表示に関する規定の一元化が検討され，消費者，事業者双方にわかりやすい表示を目指した食品表示法が2013（平成25）年に公布，2015年4月に施行された。

食品表示法第3条の基本理念には，消費者の権利（安全の確保，選択機会の確保，必要な情報の提供）の尊重と自立支援および食品の生産・流通の現況や見通しを踏まえた食品関連事業者間の公正な競争確保が掲げられている。食品表示の具体的なルールは，第4条第1項に基づいた食品表示基準で規定されている。この基準は**食品関連事業者等***が，加工食品，生鮮食品または添加物を販売する場合に適合される。設備を設けて飲食させる場合（外食）は適用外*である。

* 食品関連事業者等の「等」とは食品関連事業者以外の販売者のことである。
（例）自治会の祭りやPTAのバザーなどで食品を販売する場合。

* 生食用牛肉の注意喚起表示の規定は適用される。

特別用途食品

特別用途食品とは，健康増進法26条で規定している「販売に供する食品につき，乳児用，幼児用，妊産婦用，病者用等の特別の用途に適する旨の表示」を厚生労働大臣が許可した食品をいう。

従来は特別用途食品と強化食品を特殊栄養食品に規定していたが，1995（平成7）年の改正で，特殊栄養食品という名称と強化食品制度は廃止された。特別用途食品については，高齢化社会の進展や生活習慣病の増加に伴う医療費の増大，表示制度の定着などの社会状況の変化に対応するよう検討され，2009（平成21）年から図2.2に示すようになった。なお，特別用途食品の許可証票を図2.3に示した。

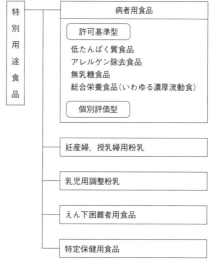

図2.2 特別用途食品

特定保健用食品（詳細は第7章139頁）

特定保健用食品とは，特別用途食品のうち「食生活において特定の保健目的で摂取する者に対し，その摂取により当該保健の目的が期待できる」旨の表示をする食品である。1991（平成3）年に制度化され，93年6月に

特別用途食品の区分欄には「病者用食品」，「乳児用食品」などの当該特別の用途を記載する。「特定保健用食品」は中央，「条件付き特定保健用食品」は右の証票を表示する。
なお，輸入品については「消費者庁許可」ではなく「消費者庁承認」と記載される。
出所：消費者庁：健康や栄養に関する表示の制度について

図2.3 特別用途食品の許可証票

表 2.8 特定保健用食品の区分

特定保健用食品 （疾病リスク低減表示）	関与成分の疾病リスク低減効果が医学的・栄養学的に確立されている場合，疾病リスク低減表示を認める。
特定保健用食品 （規格基準型）	特定保健用食品としての許可実績が十分であるなど科学的根拠が蓄積されている関与成分について規格基準を定め，審議会の個別審査なく，事務局において規格基準に適合するか否かの審査を行い許可する。
条件付き 特定保健用食品	特定保健用食品の審査で要求している有効性の科学的根拠のレベルには届かないものの，一定の有効性が確認される食品を，限定的な科学的根拠である旨の表示をすることを条件として，許可対象と認める。

2品目が初めて許可されてから2015年10月27日までに1,203品目が許可されている。

2001年の保健機能食品制度の成立により「食品衛生法」と「健康増進法」の二つの法律に基づいて定められることになった。さらに，2005（平成17）年2月に新たに特定保健用食品制度が施行され，表2.8に示した三つに区分された。特定保健用食品（疾病リスク低減表示）では現在，カルシウムと葉酸の疾病リスク低減表示が認められている。また，特定保健用食品（規格基準型）は，関与成分，食品形態および原材料の種類，表示について規格基準が設定された。条件付き特定保健用食品については，科学的根拠の考え方が示された。なお，許可証票を図2.3に示した。

保健機能食品制度

国民の健康志向の高まり，食生活の多様化を背景に，健康食品や栄養補助食品と呼ばれる食品が市場に氾濫してきた。これらの食品のなかには科学的な評価を受けていないものも含まれている。そこで，国民が選択する際のわかりやすい情報提供を目指し，科学的根拠のある健康食品や栄養補助食品を類型化した「保健機能食品制度」が2001（平成13）年に制定された。保健機能食品制度は，特定保健用食品と栄養機能食品とからなっていたが，2015（平成27）年に機能性表示食品が加わった（図7.9）。

特定保健用食品は形状を問わず全ての食品が対象となったため，諸外国で錠剤やカプセル型で販売されていた食品が，日本においても販売できることになった。

栄養機能食品は栄養成分の補給のために利用される食品で，国の定める規格基準に適合すれば許可申請や届け出は不要で栄養基準に従って機能性を表示できる。当初，対象食品は加工食品と鶏卵であったが，機能性表示食品制度開始に伴い鶏卵以外の生鮮食品も対象となった。現在，栄養機能食品の対象となる栄養成分は，ミネラル6種（カルシウム・鉄・亜鉛・銅・マグネシウム・カリウム*）とビタミン13種（A*・D・E・B_1・B_2・ナイアシン・B_6・葉酸・B_{12}・ビオチン・パントテン酸・C・K）とn-3系脂肪酸である。

機能性表示食品は，事業者の責任において科学的根拠に基づいた機能性を表示した食品で，60日前までに消費者庁への届け出が義務付けられている。対象食品には加工食品だけでなく生鮮食品も含まれる。なお，疾病のある者，未成年者，妊産婦（妊娠を計画している者を含む），授乳婦は対象外である。

食品の栄養表示基準

健康志向の高まりや加工食品等の増加に伴い，食品に含まれる栄養成分について高い関心が持たれるようになってきた。またアメリカでは，全加工食品について栄養成

* カリウムについては，過剰摂取リスクを回避するため，錠剤・カプセル剤などの食品は対象外である。

* ビタミンAの前駆体であるβ-カロテンは，ビタミンAと同様に栄養機能食品と認められている。

分表示が実施されていた。そこで栄養改善法において，食品の栄養表示基準制度が規定され，1996（平成8）年に施行された。その後栄養表示基準は健康増進法，食品表示法へと引き継がれてきた。

栄養表示基準では，**栄養成分表示**，**栄養強調表示**，**栄養成分の機能表示**が規定されている。

消費者に，食品中にどのような栄養成分がどのくらいの量含まれているかをわかるようにした表示が**栄養成分表示**である。食品表示法の施行から，原則として，全ての消費者向け加工食品および添加物に栄養成分表示が義務付けられた*。表示義務のある栄養成分は，熱量，タンパク質，脂質，炭水化物，ナトリウムで，表示の際はこの順番で表示する。飽和脂肪酸，食物繊維，トランス脂肪酸，コレステロール，ビタミン類，ミネラル類（ナトリウムを除く）は任意成分とし，飽和脂肪酸と食物繊維については表示が推奨されている。定められた栄養成分以外の成分については栄養成分と区別して記載する。なお，ナトリウムについては消費者にわかりやすい「食塩相当量」で表示するよう統一されたが，ナトリウム塩を添加していない食品についてナトリウム量を表示する場合は，「ナトリウム量（食塩相当量）」と表示する（図7.10）。

> ＊ 消費税を納める義務が免除されている事業者は栄養成分表示が省略できる。
> 小規模事業者についても当分の間，栄養成分表示の省略が認められている。

国民の健康の保持増進に影響する栄養成分について，補給や適切な摂取ができる旨を表示するのが**栄養強調表示**である。食品中の栄養成分量を絶対量から強調する表示，比較対象品との相対比較で強調する表示，特定の栄養成分が無添加であることを強調する無添加強調表示についてそれぞれ規定している（表7.21）。

栄養成分の機能表示は保健機能食品に許可されている（図7.9）。

食品の品質表示制度（詳細は第7章137頁）

食品の品質に関する表示については，主にJAS法で規定され，食品表示の充実強化や国際規格CODEXとの整合性を図るため数回に渡り改正されてきた。2015年からは食品表示法で規定されている。

> CODEX（コーデックス） FAO/WHOの組織で，消費者の健康の保護や食品の公正な貿易の確保等を目的として，国際的な食品の規格を定める委員会。

全ての消費者向け加工食品の義務表示の概要を表7.10に示した。**原材料**と**添加物**は別々に表示し，それぞれに重量割合の高い順に記載する。原材料の性状に大きな変化のない中間加工原材料を使用する場合は，構成する原材料を分割して表示できる。品質が急速に劣化しやすい食品には**消費期限**を，それ以外の食品には**賞味期限**を表示する。

全ての生鮮食品に義務付けられている**原産地**表示の概要は，表7.23に示した。

特定食物にアレルギー体質の消費者の健康危害防止のために，特定原材料（表7.25）を使用した加工食品へは**アレルゲン表示**が義務付けられている。JAS法では，名称から特定原材料を原材料として含むことが容易に判別できるもの（特定加工食品：例 マヨネーズ），および特定加工食品の表記を含むことで特定原材料を使った食品を含むことが予測できるもの（拡大表記：例 からしマヨネーズ）については，特定原材料の表示が省略できた。しかし食品表示法では，食品に含まれる特定原材料は全て表示する

ことになった。その表示方法は個々の原材料の直後に括弧書きする方法（個別表示）を原則とする。

表7.26には，遺伝子組換え食品の表示の概要を示した。遺伝子組換え食品の表示については，対象農産物とこれらを原材料とし，加工後も組み換えられた遺伝子またはこれによって生じたタンパク質が残存する加工食品を対象とし，「遺伝子組換え」等の表示が義務づけられた。加工後に組み換えられた遺伝子またはそれによって生じたタンパク質が存在しない食品（大豆油，しょうゆ等）については，遺伝子組換えの表示義務はない。遺伝子組換え農産物かどうか分別されていない場合は，「遺伝子組換え不分別」等を表示しなければならない。対象農産物については，遺伝子組換えでないことが明らかな場合は表示する必要はないが，任意で「遺伝子組換えでない」等の表示をすることができる。

JAS法は，「品質表示基準制度」とJASマーク認定のための「JAS規格制度」の二つの制度から成っていたが，食品表示法の施行に伴い，飲食料品以外の農林物資の品質の適正化に関する規格制度となった。

2.2 栄養士の職務

栄養士の活動分野はきわめて多方面にわたっているが，つぎの三つに大別することができよう。

① 地域社会における栄養士活動
② 集団給食施設における栄養士活動
③ 医療機関における栄養士活動

2.2.1 地域社会における栄養士活動

国は，国民の健康の保持・増進を目的に，社会の変化に対応した国民健康づくり運動を展開してきた。栄養・食生活の改善において，国民健康づくり運動の推進を中心的に担うのが行政栄養士である。現在は「健康日本21（第2次）」が展開中で，生活習慣病の発症予防と重症化予防の徹底，子どもや高齢者の健康・栄養状態の課題解決，社会環境の整備の促進などに連携して取り組んでいる。

(1) 都道府県

都道府県の本庁（政令市及び特別区を含む）の栄養士は，国，保健所，市町村，関係機関，関係団体との連携を図り，広域的な計画の立案・施策化を担当するとともに，計画の円滑な実施に向け条件整備を進めている。

さらに，行政栄養士の人材確保及び資質向上のための研修体系の確立，保健所や市町村等が利用できる情報の収集・分析とそのデータベース化も都道府県を中心に行われている。

また，災害，食中毒・感染症・飲料水汚染等の飲食に関する健康危機に関しては，中心的立場で市町村と保健所との役割分担を明確にし，迅速かつ適切な健康危機管理

地域における行政栄養士による健康づくり及び栄養・食生活の改善の基本指針　2013（平成25）年厚生労働省健康局総務課生活習慣病対策室

体制を確立することが求められている。

(2) 保健所

保健所は1948年施行の行政組織法である保健所法に規定されていたが，1994（平成6）年に同法は「地域保健法」に改正された。地域保健法には保健所が行う事業が列記されているが，そのうち栄養士にかかわるものとしては，「栄養の改善及び飲食物の衛生に関する事項」（6条3項）がある。

また健康増進法には，都道府県，保健所，市町村の役割分担が記されている。すなわち一般住民の健康の保持増進を目的とする事業は市町村単位で行い，保健所は「特に専門的な知識及び技術を必要とする栄養指導*」，「集団給食施設に対する栄養管理の実施について必要な指導および助言」，「市町村に対する技術援助・連絡調整」（18条）を行う。これに基づき，保健所では，難病患者・身体障害者・知的障害者・要介護者などへの食生活支援や集団給食施設に対する衛生面・健康管理面からの指導助言などが行われている。

＊難病患者・身体障害者・知的障害者・要介護者などへの食生活支援

さらに，保健所圏域の健康や食生活の実態について把握・分析を行い，課題解決に取り組むとともに，実態把握・分析・評価方法の技術向上に努めている。

その他，飲食店によるヘルシーメニューの提供や栄養成分表示の推進など食に関する情報の整備，保健・医療・福祉領域における管理栄養士・在宅栄養士・食生活改善推進員等のボランティアリーダーなどの人材育成，地域の関係機関・関係団体との連携体制づくり，なども保健所栄養士の業務である。

健康危機に対しては，業務のなかで培われた専門的知識・技術と連携体制の活用による保健所の迅速かつ的確な対応が求められている。

(3) 市町村保健センター

市町村保健センターは国民健康づくり運動の一環として，1978年から整備が始められたが，1994年公布の地域保健法において「住民に対し，健康相談，保健指導及び健康診査その他地域保健に関し必要な事業を行うことを目的とする施設」（18条2）と規定された。

また健康増進法17条では，「住民の健康の増進を図るため」，市町村の管理栄養士や栄養士の業務として，「栄養改善に関する事項についての住民からの相談」への対応，「必要な栄養指導」，「これらに付随する業務」をあげている。この法律に基づき，住民に対して直接的に，各ライフステージに応じた健康診査や栄養相談，健康教室，調理講習会など，さまざまなものが展開されている。これらの事業では住民が身近で参加しやすいものを目指すとともに，個々の住民の身体状況や栄養状態などに応じた対応に努めている。

市町村が住民との直接的な窓口であることから，住民への総合的なサービス提供のために関係部局との連携が図られ，さらに住民主体のまちづくりのために，関係機関や住民との密接な連携体制づくりが進められている。

この連携体制は，健康危機発生時の情報収集および提供にも活用される。

2008年度からは国民健康保険の被保険者に対して，市町村が「特定健診・保健指導」を実施することとなった。

(4) 在宅栄養士

栄養士または管理栄養士の資格を有し，常勤として就業していない者は「在宅栄養士」と呼ばれている。医療や福祉をはじめ多くの分野で栄養管理の必要性は高まっており，在宅栄養士を地域の栄養改善事業に活用する取り組みが進められている。

*1 生涯教育制度
*2 特定分野認定制度

全国の栄養士・管理栄養士をまとめる日本栄養士会では，会員の再教育システム[*1]や特定分野についての専門的スキルをもつ人材の育成を目的にした認定制度[*2]を実施している。例えば「在宅訪問管理栄養士」は，全国在宅訪問栄養食事指導研究会と共同で実施している認定制度である。超高齢化社会の日本において今後増加する在宅療養者に，多職種と連携し，在宅療養者の病状・栄養状態・生活状況に応じた栄養食事指導ができる管理栄養士の育成を目指している。認定後は，地域の栄養ケア・ステーションなどでの活躍が期待される。

また，都道府県や保健所も，地域の在宅栄養士のために研修会等を催し，地域の栄養改善活動を担う自主グループとして育成・支援することに努めている。

2.2.2 特定給食施設における栄養士活動

特定給食施設とは，特定多数人に対して，継続的に1回100食以上または1日250食以上の食事を供給する施設で栄養管理が必要と規定されている（健康増進法20条）。特定給食施設のうち管理栄養士が必置の施設は，「医学的な管理を必要とする者に，継続的に1回300食以上または1日750食以上の食事を提供する施設」および「前記以外の管理栄養士による特別な栄養管理を必要とする特定給食施設で，継続的に1回500食以上または1日1500食以上の食事を供給する施設」である。管理栄養士必置施設以外の特定給食施設は栄養士または管理栄養士を置くよう推奨されているが，「1回300食または1日750食以上の食事を供給する特定給食施設は，少なくとも1人は

表2.9 給食施設の種類別の管理栄養士・栄養士配置状況

年	施設区分	総施設数	指定率	栄養士のみいる施設	管理栄養士のみいる施設	どちらもいる施設	どちらもいない施設	栄養士充足率[*2]	管理栄養士充足率
2003（平成15）	特定給食施設[*1] 他の給食施設	46,256 36,364	56.0	13,067 9,756	9,489 4,073	8,476 3,198	15,224 19,337	67.1 46.8	38.8 20.0
2008（平成20）	特定給食施設 他の給食施設	47,102 37,384	55.8	12,647 10,069	10,227 4,746	10,109 4,183	14,119 18,386	70.0 50.8	43.2 23.9
2011（平成23）	特定給食施設 他の給食施設	48,238 37,502	56.3	12,287 10,330	10,794 4,927	11,032 4,484	14,125 17,761	68.6 52.6	45.2 25.1
2012（平成24）	特定給食施設 他の給食施設	48,746 37,915	56.2	12,011 10,306	11,404 5,365	11,184 4,708	14,147 17,536	71.0 53.7	46.3 26.6
2013（平成25）	特定給食施設 他の給食施設	49,111 38,028	56.4	12,015 10,195	11,676 5,579	11,354 4,908	14,066 17,346	71.4 54.4	46.9 27.6

*1：健康増進法20条に基づく給食施設
*2：栄養士または管理栄養士がいる施設の充足率　（総施設数−どちらもいない施設数）÷総施設数×100
資料：厚生労働省報告例（各年度末）

管理栄養士であるよう努めなければならない」と規定されている（健康増進法21条）。特定給食施設における栄養士・管理栄養士の充足率等は表2.9に示すとおりである。

なお、栄養士・管理栄養士には基準に従った栄養管理の実施が求められている（21条3項）。

(1) 事業所

事業所に勤務する人の食事の供与を通して、喫食者の健康の保持増進に努めることが主な業務である。

労働安全衛生規則632条2には「事業者は、栄養士が食品材料の調査又は選択、献立の作成、栄養価の算定、廃棄量の調査、労働者の嗜好調査栄養指導などを衛生管理者及び炊事従業員と協力して行うようにさせなければならない」と規定されている。

喫食者の健康の保持増進には、個々の喫食者に対応した食事の提供が要求されるが、集団給食では難しい課題である。低エネルギーメニュー等のエネルギーや栄養素を調節する特別メニューの提供、カフェテリア方式や複数定食方式など、個人対応の可能な供給方法を考えなければならない。さらに、限られたメニューのなかから自分に適した食事を選択するためには、献立表の掲示、サンプルケースの設置、栄養成分表示、リーフレット等による栄養や食事に関する知識などの情報提供において、わかりやすく喫食者の興味をひく工夫が必要である。

最近は、労働者の健康の保持増進を目指し、産業医を中心とした保健・運動・食事・心理などの総合的な取り組みが行われている。2008年度からは「特定健診・保健指導」が始まり、事業所における管理栄養士の業務内容は広がっている。

(2) 福祉施設

栄養士の配置されている福祉施設は、次のように多くの種類がある。

児童福祉施設　助産施設、乳児院、母子生活支援施設、保育所、幼保連携型認定こども園、児童厚生施設、児童養護施設、障害児入所施設、児童発達支援センター、情緒障害児短期治療施設、児童自立支援施設

老人福祉施設　老人デイサービスセンター、養護老人ホーム、特別養護老人ホーム、経費老人ホーム

身体障害者福祉施設　身体障害者更生援護施設、身体障害者更生施設、身体障害者療養施設

知的障害者福祉施設　知的障害者デイサービスセンター、知的障害者厚生施設、知的障害者授産施設、知的障害者通勤寮

それぞれの施設の特性や収容されている者の健康状態による相違はあるが、いずれも適正な栄養素等の量を給与することが目的であり、それぞれの身体状態を配慮した食事を供給することが必要とされる。2000年から介護保険制度が開始され、2005年には介護予防の観点から栄養管理を重視し介護報酬が認められた。

また、食事を通して生活の質の向上を図ることも重要である。たとえば、介助用食

器具の扱い方を身につける，季節の食品や行事食により食事を楽しむ，施設・設備の使い勝手を考えるなどである。

さらに，介助者や家族の協力を必要とすることが多いので，協力者に施設の給食や喫食者の食事・栄養などについて理解してもらうための試食会開催その他，外部への働きかけも必要である。

(3) 学　　校

日本で学校給食が始まったのは明治時代であるが，本格的に始められたのは第二次大戦後の1947（昭和22）年である。食糧不足のなか，占領軍放出物資の脱脂粉乳から始まり，その後，主食と副食を併せた完全給食が実施されるようになり，54（昭和29）年には「学校給食法」が制定された。この法律により，学校給食は教育の一環と位置づけられた。

飽食の時代といわれる現在では，学校給食が始まった頃と食糧事情が大きく異なり，子どもたちをとりまく食環境の変化が欠食や孤食などの新たな問題を生んでいる。問題の改善に食教育の重要性が高まり，2005年4月に栄養教諭制度が開始され，7月には食育基本法が制定された。2008年には，学校給食法が社会の変化に則して大幅に改正された。

学校給食法2条で，学校給食の目標は次の七つをあげている。

① 適切な栄養の摂取による健康の保持増進を図ること
② 日常生活における食事について，正しい理解を深め，健全な食生活を営むことができる判断力を培い，及び望ましい習慣を養うこと
③ 学校生活を豊かにし，明るい社交性及び共同の精神を養うこと
④ 食生活が自然の恩恵の上に成り立つものであることについて理解を深め，生命及び自然を尊重する精神並びに環境の保全に寄与する態度を養うこと
⑤ 食生活が食にかかわる人々の様々な活動に支えられていることについての理解を深め，勤労を重んずる態度を養うこと
⑥ 我が国や各地域の優れた伝統的な食文化についての理解を深めること
⑦ 食料の生産，流通及び消費について，正しい理解に導くこと

今まで学校給食法に含まれなかった学校給食実施基準と衛生管理基準については，文部科学大臣が定めるとし条文に盛り込まれた（8条，9条）。

学校給食実施基準

学校給食は在学する全ての児童生徒に対して実施される。その実施日については原則として毎週5回，授業日の昼食とする。

学校給食摂取基準については表2.10の通りで，その適用に当たっては，個々の児童生徒の健康状態及び生活活動の実態や地域の実情等を配慮し，弾力的に適用する。

献立作成及び給食実施においては，栄養面だけでなく，安全性，衛生面，嗜好，季節，地域の食文化，食器類，施設設備，予算等多方面への配慮が必要である。

表2.10　児童又は生徒1人1回当たりの学校給食摂取基準

区分	基準値				1日の摂取量に対する学校給食の割合
	児童(6～7歳)の場合	児童(8～9歳)の場合	児童(10～11歳)の場合	生徒(12～14歳)の場合	
エネルギー（kcal）	530	640	750	820	1日の必要量の33%
たんぱく質（g） 範囲（注3）	20 16～26	24 18～32	28 22～38	30 25～40	食事摂取基準の推定エネルギー必要量の15% 範囲は推定エネルギー必要量の12～20%
脂質（％）	学校給食による摂取エネルギー全体の25～30%				総エネルギー摂取量の25～30%
ナトリウム（食塩相当量）（g）	2未満	2.5未満	2.5未満	3未満	食事摂取基準（2010年版）の目標量の33%
カルシウム（mg）	300	350	400	450	食事摂取基準の目標量の50%
鉄（mg）	2	3	4	4	食事摂取基準の推奨量の33%
ビタミンA（μgRE）	150	170	200	300	食事摂取基準の推奨量の40%
ビタミンB_1（mg）	0.3	0.4	0.5	0.5	食事摂取基準の推奨量の40%
ビタミンB_2（mg）	0.4	0.4	0.5	0.6	食事摂取基準の推奨量の40%
ビタミンC（mg）	20	20	25	35	食事摂取基準の推奨量の33%
食物繊維（g）	4	5	6	6.5	1,000 kcal 当たり 8 g

注：1）表に掲げるもののほか，次に掲げるものについてもそれぞれ示した摂取について配慮すること。
　　マグネシウム…児童（6歳～7歳）70 mg，児童（8歳～9歳）80 mg，児童（10歳～11歳）110 mg，生徒（12歳～14歳）140 mg
　　亜鉛…児童（6歳～7歳）2 mg，児童（8歳～9歳）2 mg，児童（10歳～11歳）3 mg，生徒（12歳～14歳）3 mg，夜間課程を置く高等学校の生徒 3 mg
　　2）この基準は，全国的な平均値を示したものであるから，適用に当たっては，個々の健康及び生活活動等の実態並びに地域の実情等に十分配慮し，弾力的に運用すること。
　　3）範囲…示した値の内に納めることが望ましい範囲

学校給食衛生管理基準

学校給食における衛生管理は，CODEXの「危害分析・重要管理点方式とその適用に関するガイドライン」に規定されたHACCPの考え方に基づき実施されている。学校給食を実施する都道府県及び市町村教育委員会等は，保健所の協力・助言を受け，調理場等施設及び設備，食品の取り扱い，調理作業，衛生管理体制等について実態把握に努め，問題がある場合は改善措置を図ることが定められている。

栄養教諭の職務内容については，学校給食法10条に明記された。

栄養教諭

栄養教諭の職務には食に関する指導と学校給食管理の二つがある。学校給食法においては，栄養教諭は，児童生徒が健全な食生活を送れる知識や態度を身につけるため，学校給食において摂取する食品と健康の保持増進との関連性について指導するとされている。さらに，食に関して特別な配慮を要する（アレルギー，肥満等）児童生徒には個別指導を行うこととした。その他，学校給食を活用した食に関する実践的な指導も求められている。なお，学校給食に携わる栄養士は「学校栄養職員」と呼ばれているが，学校栄養職員の職務も栄養教諭に準ずるとされた。

当初の学校給食は自校で給食する方式が主体であったが，1980年代に入り，第二次臨時行政調査会の行政合理化促進の答申を受けた文部省が「学校給食業務の運営の合理化」を通達したことにより，給食センター方式や民間委託で行うところが増えてきた。自校方式と比べ，献立作成や調理などに規制も多くなるが，栄養士としての職

HACCP Hazard Analysis and Critical Control Point 危害分析・重要管理点。

給食センター方式の学校給食で生じる献立作成や調理における規制の例

|大量調理|
・時間内に手作りすることは難しいメニューがある。
　⇒冷凍食品の利用（内容について業者に指示）（例）餃子，コロッケなど
・全学校を同じ献立にすると，使用する調理機器が2～3種に集中してしまい，時間がかかる。
　⇒複数献立（例）
　　aグループ：揚げ物，煮物
　　bグループ：蒸し物，汁物，和え物

|配送時間がかかる|
・延びやすい麺料理は出せない。（例）ラーメン，そばなど

務の基本は変わらない。他職種との連携と限られた条件のなかでの創意工夫がより要求される。

2.2.3 医療機関における栄養士活動

医療機関ではさまざまな病気の治療が行われているが，慢性疾患などの治療では食事療法が重要である場合が多い。医療機関の栄養士活動は，患者に対して，栄養学の知識と技術を活用し，治療のための栄養管理・指導を行うことである。

入院施設のある医療機関では，医師の食事箋に沿った食事の提供をしている。

給食業務としては，

① 食事摂取基準及び食事基準の策定
② 食事箋の管理
③ 献立の作成
④ 調理指導
⑤ 検食
⑥ 盛付け配膳チェック
⑦ 発注事務及び在庫の管理
⑧ 衛生管理

などがあげられる。

1994年から患者サービスの概念を取り入れた入院時食事療養制度が開始された。その後入院時の食事に対する栄養管理の重要性が認められ，2006年に栄養管理実施加算が新設された。栄養管理実施加算では，常勤管理栄養士1名を含めた医療従事者チームが作成した栄養計画に基づく栄養管理が条件となった。2012（平成24）年には，多くの医療機関が栄養管理実施加算の条件を満たすようになったことから，栄養管理体制の確保を入院基本料の要件とし，栄養管理実施加算は入院基本料に包括された。

医師・看護師・管理栄養士等の専門職が連携して行うチーム医療は，医療の効率性や安全面，患者の生活の質などの向上が期待されている。栄養障害のある患者や栄養障害になることが見込まれる患者に対しての栄養管理サポート，糖尿病患者への透析予防指導管理，褥瘡ハイリスク患者のケア，がん患者などへの緩和ケアなどのチーム医療に対しては保険診療報酬に算定できるようになった。

患者への栄養指導は入院時指導，外来通院時指導，訪問指導に分けられ，管理栄養士の行う栄養指導は保険診療報酬で「栄養食事指導料」として算定できる。指導には集団指導と個人指導があるが，二つを併用して行うと効果的である。特に個人指導では，患者の日常生活事情，習慣，理解力，調理能力などを考慮に入れた具体的な食事指導を心がける必要がある。

在宅療養中の患者に対して，管理栄養士が家を訪問して栄養指導することも始まっている。高齢化社会が進むなかで，訪問栄養指導は今後増加すると思われる。さまざまな指標を用いて患者の栄養状態等を把握することに努め，栄養指導に活かすことが

要求される。また在宅医療においても,多職種の連携した医療チームの一員としての管理栄養士の活動が期待されている(「在宅訪問管理栄養士制度」については26頁参照)。

【参考文献】
吉田勉編:新版公衆栄養学概論,三共出版(2001)
坂本元子編:栄養指導・栄養教育,第一出版(2001)
吉田勉編:栄養学各論,学文社(2000)
吉田勉編:食生活論[第三版],学文社(1997)
前川當子:ヒト・食・健康,三共出版(1996)
厚生労働省ホームページ　http://www.mhlw.go.jp(2016年3月2日取得)
農林水産省ホームページ　http://www.maff.go.jp(2015年9月30日取得)
日本健康・栄養食品協会ホームページ　http://www.health-station.com/jhnfa(2015年11月23日取得)
文部科学省ホームページ　http://www.mext.go.jp(2015年11月23日取得)
消費者庁ホームページ　http://www.caa.go.jp(2016年3月2日取得)
公益社団法人日本栄養士会ホームページ　http://www.dietitian.or.jp(2016年3月2日取得)

3 日本の食生活史

3.1 原始・古代

3.1.1 時代的な背景

人類は約 400 万年前に地球上に現れた。地質学上での第三紀の後半である。猿人，原人，旧人，新人の順に進化したといわれる。日本列島で発見されている化石人骨には一部に旧人段階のものがみられるが，他はいずれも新人の段階のものである。第四紀の更新世（こうしんせい）といわれる氷河期では，数回の氷期（氷期と間氷期の繰り返し）があった。氷期には日本列島は大陸と陸続きになることもあり，マンモスやナウマン象のような大型獣が渡来し，それを追って人類も日本列島に渡ってきたといわれる。第四紀の完新世（かんしんせい）といわれる時代では，日本列島が大陸から切り離され今の形になった。

日本では第四紀更新世には旧石器文化，完新世には縄文文化が開花した。ついで中国や朝鮮半島の農耕文化の影響を受け，弥生文化へと進展した。弥生時代の後期には大きな墳丘（ふんきゅう）をもつ墓がみられるようになったが，4 世紀初頭には大規模な古墳が西日本を中心に出現した。特に大和（奈良県）には大規模な前方後円墳がみられ，この古墳形成の背景になった政治的な連合を大和政権という。6 世紀に入り推古天皇による国政の改革が実施されるとともに，隋との国交がひらかれ仏教が伝えられた。国家形成を推し進め 7 世紀の大化の改新により唐を模範とした律令制による中央集権国家（古代国家）が形成された。8 世紀には唐の長安の都にならい区画された都市と大規模な城を奈良につくり，平城京と称した。中央集権的な国家体制が整い，国家の富が天皇や貴族に集中した。8 世紀後期には政治再建を目的に京都に平安京を造営し遷都した。その後の 400 年余りが平安時代である。唐の文化の影響をうけ多彩な文化が開花し，ついで国風化を特徴とする高度な貴族文化に進展した。やがて日本各地で成長してきた武士に脅かされ，中世の時代に入っていく。

3.1.2 旧石器時代の食文化

この時代の人々は狩猟や漁労，木の実などの採取生活を行っていた。狩猟にはナイフ形石器，尖頭器などの石器を棒の先端に装備した突き矢や投げ槍を用いた。獲物はナウマン象，オオツノジカ，ヤギュウなどと考えられている。動物性食物が主体であったためタンパク質や脂肪の多い食生活となり，糖質摂取量が減少したことで，人類のインスリン抵抗性の形質が進化したと考えられている。狩猟や採集のために絶えず移動していたので，住まいは簡易なテント状の小屋であった。食べ物を計画的に獲得することができず，生活や栄養状態は不安定であった。生活を共にする集団は小規模であったが，石器の原料を得るために遠隔地にまで出かける必要が生じるようにな

ると，いくつかの集団が集まり部族的な連携へと進展するようになる。

3.1.3 縄文時代の食文化

完新世に入り，それまでの寒冷な氷期が過ぎると，気候は安定して温暖になる。竪穴住居は屋根つきであり，定住が開始された。集落は飲料水が確保しやすい水辺の近くの大地に形成され，貯蔵穴群も発掘されており，5～6軒の20～30人程度規模の集落であった。

食生活はまだ狩猟や漁労を中心とした採取生活によっていた。大型獣は絶滅しニホンシカやイノシシなどの小動物が増えたため，これが狩猟の対象となった。釣り針，銛，やすなどの骨角器を用いた漁法や，石錘，土錘など網による漁法が開始された。丸木舟も発見されており，魚類も多く利用していたようである。貝塚の発掘調査から人々が貝も多く利用していたことがわかる。

クリ，クルミ，トチ，ドングリなどの木の実やヤマイモなども採取し利用していた。土掘用の打製石器の鍬や，木の実を擂り潰す石の皿や擂り石などの出土品が数多く出ている。

また，縄文晩期には大陸と交易していた縄文人が水田による稲作技術を日本列島に導入した。水稲栽培を始めたことにより，糖質の摂取量が増加し始めた。牧畜も定住化や農耕の開始とほぼ同時にはじまり，人の食糧にならない草木のみで育つ羊，牛，ヤギなどの動物が家畜化された。

食料の種類が豊富になり，暖を取るための火を調理に利用することが始まると，動物の肉や魚を火であぶることや木の実の渋味を煮て軽減させることにも発展し，生で食するよりも消化吸収が向上することになるので栄養状態が改善されたと考えられる。

3.1.4 弥生時代の食文化

紀元前3世紀初めころには，西日本に水稲耕作を基礎とする弥生文化が成立し，東日本にも広まった。弥生時代においても引き続き木の実の採取，狩猟や漁労も並行して行われていたが，北海道と南西諸島を除く日本の大部分の地域は，採取生活から食料生産生活へと移行した。主食が木の実から米へと変化することにより，寿命が延び人口が増加した。

水田は小規模であり一辺が数メートル程度であったが，灌漑や排水用の水路が整備されていた。耕作には木製の鋤や鍬が用いられていたが，次第に鉄製の刃先が導入されるようになると，水田は湿田だけでなく乾田での耕作が可能になった。収穫は石包丁による**穂首刈り**であった。石臼と竪杵により脱穀し，高床倉庫や竪穴に収穫したものを貯蔵した。

甕や甑といわれる土器が出土していることから，煮る，炊く，蒸すといった調理法が行われていたことがうかがえる。土器は貯蔵用の壺，食べ物を盛る鉢や高坏などと用途別になり，種類が豊富になった。

穂首刈り 穂刈りともいう。稲の収穫の方法であり，稲の穂だけを刈り取ることである。穂先だけの収穫であれば石臼や杵による脱穀が容易である。一般的な稲の収穫は根元から刈る方法である。これが稲刈りである。こきばしや千歯こぎを使うには稲を根元から刈り取る必要がある。農具の発達に伴い穂刈りから稲刈りに移行したと推察される。

3.1.5 古墳時代から飛鳥時代の食文化

古墳時代には高度な農法が大陸から伝わり，米が多く取れるようになった。土師器などの熱に強い土器を利用することで，調理法も発展した。この時代には麹を用いた酒造りも伝来したと考えられている。支配者と被支配者との生活の差が明確になり，支配者である豪族（在地首長）は環濠や柵列もめぐらし，居館を民衆の竪穴住居から離れた位置に築き，ここでまつりごとを行い生活した。倉庫群には余剰生産を蓄え，居館の周囲に配した。

飛鳥時代では，乳製品の始まりといわれる蘇や味噌や醤油の原型である醤が渡来した。大宝元年には大宝律令により朝廷による酒の醸造体制が整えられた。7世紀に築かれた古代国家においては，人民は戸籍・計帳により登録され口分田が与えられた。班田収授法により農民は最低限の生活は保障されたが，租・調・庸・雑徭などの厳しい税負担があった。凶作に備える粟をおさめる義倉の制度もあった。

口分田 農民は戸籍に計帳され50戸ごとに1里に編成された。戸籍をもとにして6歳以上の男子に2段（約24 ha），女子にはその3分の2の畑が与えられた。この畑を口分田という。

班田収授法 条里制により土地を区画した。その土地を規定の年齢に達した農民に口分田として与えた。耕作条件を定め死ぬまで耕作可能としたが，売買は禁止した。

3.1.6 奈良時代から平安時代

奈良時代では，耕地の拡大がすすみ，鉄製の農具が普及し灌漑の技術が進展した。農民の住居は竪穴住居から平地式の掘立柱形式へとかわっていった。大きな寺院や神社，貴族はその財力で新しく土地を開墾し荘園が生まれた。

平城京の図（「近衛家所蔵文庫」）には井戸がみられ，発掘調査によって井戸底が発見された。大炊寮の場所では食器が大量に発掘された。これは食事が一括して作られていたことを示すものであり，集団給食のルーツとも考えられている。また，木簡が多く発掘され，食物や食事に関する記録がみられる。たとえば，入庫食品の荷札や宮廷で働いている人びとからの食物の請求書などからは，米，大豆，小豆，海産物の干物，あわび（鮑，鰒），年魚（あゆ），青魚，鰹，鮒，楚割（割いた干し魚），鮭，酢，未醤，醤，塩などが読み取られている。

関根真隆の『奈良朝食生活の研究』では赤米が栽培され，地方からの貢米にみられたとされている。これは野生種に近い米であり，悪条件でも栽培できたので，地方での栽培が多かったようである。米や赤米以外では麦，粟，稗，そば，野菜類，果物類，がみられる。また鳥（ニワトリ，キジ，ウズラ），獣類（イノシシ，シカ，ウシ，ウマ，ウサギ，クジラ，イルカ），魚介類（カツオ，タイ，サバ，スズキ，イワシ，アワビ，イガイ，サザエ，ハマグリなど種類が多い），軟体動物（タコ，イカ，ナマコ，クラゲ）がみられる。

調味料では塩，醤，荒醤，滓醤，未醤，豉（納豆か味噌のことらしいが定かではない，文献には頻繁に出てくる），酢などである。甘味料ではあめ，甘葛煎，蜜などがあるがこれは調味料ではなく，薬用であったようだ。香辛料では芥子，生姜，サンショウ，ニラ，タデなど，油では胡麻油，荏胡麻油，椿油などである。

加工技術も発達し，中国から唐菓子と呼ばれる小麦粉や米の粉を成型し油で揚げた菓子が伝わった。野菜類の漬物の加工も盛んに行われ，塩漬け，酢漬けなどがつくら

れた。その他に，カツオの煎汁，楚割（サメ，マス，スズキ），寿司，塩辛，魚醬，獣肉類の哺（ほぐし）などがみられる。酒では清酒，濁酒，白酒など，既に氷（氷室）や牛乳も利用されたようである。調理器具として釜（銅製，鉄製），蒸し器は甑（槽，磑）がみられ，木炭の利用などもあった。

食事回数は貴族では朝夕の2回であった。牛の刻（12時）と鶏の刻（18時）であり文献によっては牛の刻（12時）と申の刻（16時）である。

日本料理の基礎は奈良時代に形成され，平安時代には形式化，儀式化していく。唐文化の影響を受け，貴族の正式な宴会料理として大饗料理がもてなされた。これは，貴族の地位や権威を象徴する形式的なものであった。これらの流儀として「四条流」「大草流」などがあらわれ，日本料理の形式が整えられ始めた（図4.10）。貴族の生活は豊かになり，多彩な食材を用い，料理法も多様化した。今でも引き継がれている七草粥（正月），節分（2月），桃の節句（3月），端午の節句（5月），七夕（7月），重陽の節句（9月）などの伝統行事が行われた。

『日本古代家畜史』，『源平盛衰記』，『承久記』などには放牧や牛の記載がみられ，全国各地で牧畜が行われたようである。家畜保護や牧畜奨励のために7世紀後半には天武天皇によって肉食禁止令が出ているが，平安時代末期には戦いにそなえて牛よりも馬を多く飼うようになり，牧畜を奨励したことも肉食の禁止と関連していると考えられる。古代法典である延喜式においては酪農の制度を整備している。仏教は殺生を禁じたが，牛の乳は無生物なのでその飲用は奨励された。

3.2 中　世
3.2.1 時代的な背景

12世紀後半になると武士による政権が生まれ，各地で荘園や公領の支配権を貴族層から奪い，次第に武家社会を確立していった。武士の発生の背景としては公田の解体がある。一定の年貢を上納すれば，残りの収穫物は自由になるという土地制度が導入され，公田は解体した。

公田　律令制で，国家・朝廷（公）に所有権があると考えられた田地・畑地のこと。

鎌倉時代後期には惣村という自立的かつ自治的な農村が出現し，名主を中心として神社の祭礼や農業の共同作業，さらには戦乱に対する自衛などをおこなった。水稲の栽培方法に改良が進み，早稲，中稲，晩稲と区別した稲の作付が普及した。また，各地の自然条件に応じて稲の栽培がなされたので収量が増加した。

鉄製農具（鍬，鋤，鎌）や牛馬を利用した農耕は室町時代にはさらに広まった。肥料には刈敷や草木灰などとともに下肥が使われ，農地は肥沃になり，収穫は安定したものになっていった。労働生産性は向上し，米は増産された。備蓄したコメは兵隊の食糧となり，数千人に及ぶ兵の動員を可能にした。給与として，兵隊には米が味噌とともに支給された。農民は副業として荏胡麻（灯油の原料としたらしい）を栽培し，絹布や麻布を織った。鍛冶，鋳物師，紺屋などの手工業者も増え，農村内に居住した

り各地を回り歩いたりして仕事をした。手工業の原料として苧（からむし），桑，楮，漆，藍などの栽培がなされ，茶の栽培も盛んに行われた。

定期市が荘園や公領の中心地に，また，交通の要所や寺社の門前などに開かれた。地方の市場では地元の特産品や米などが売買され，中央から織物や工芸品などが運ばれた。京都，奈良，鎌倉などでは高級品を扱う手工業者や商人が集まり，定期市だけでなく見世棚という小売店を出すようになった。これらの商工業者は平安時代後半には座を結成し，販売や製造について保護され，力を持つようになる。各地の港や大河川沿いの交通の要地には問丸が発達し，商品の中継ぎや委託販売に関わった。

しかし，米などの生産物は，武士が徒党を組み領主ごとに競い戦うエネルギーのもとになり，戦国動乱の原動力になったと評価されている。

3.2.2 鎌倉から室町時代の食生活

『平家公達草子』では，「台盤所」や「朝餉」などといった調理場や食堂などが類推される表現がみられる。日常の食事は粥と餅が多い。禅宗の普及とともに，姫飯と呼ばれる固粥（飯）と，固粥より水分の多い汁粥が一般化していたといわれている。『おあん物語』によれば朝夕は雑炊であり，山へ狩猟（鉄砲撃ち）に出かける際には，弁当を持つので菜飯を作ったとある。『雑兵物語』では兵隊の食糧について書かれている。4, 5日分の食糧を袋に入れて各自が持参する。袋にいれた米が携帯中に湿気にあたり発芽する。その場合には芽も根も全て煮て食べた。戦いが長くなり，食糧が不足すると，草や木の実など何でも食べていたようである。餅には茎立（若草か若葉のような葉菜類）が入っており質素である。動物性食品では，狸，狐，猪，鴨，鹿などを食べていたようである。労働量の多い武士や農山村の人びとにおいては，食生活が変化し，一日に3回の食事となってきた。

『山科言継卿記』の贈答品の記録には多種類の食物が登場する。魚では特に鯛や鮎（生および鮎鮨など）が出てくる。季節の珍しいものとして秋の柿，串柿，松茸，みかん，柚，栗などが，夏のものとしては瓜や桃が，特別な珍品として新巻鮭，きじ，鶴，鴨，狸の荒巻などがあげられる。加工品としては豆腐，饅頭，煎餅，浜納豆，味噌，のし鮑などがある。武士の食事が文学的な記録に残っているものは多くないが，酒をほとんど毎日飲んでいたことがわかっている。

調味料としては，製塩に関するものも多くみられ，『建礼門院左京大夫集』では歌集のなかで「たく藻のけむり」や「もしおくむ」という枕詞がみられる。『金槐和歌集』では塩釜の浦での和歌に海水を煮詰める作業が夜通し行われていたことや，「藻塩たれつつ」という海藻に塩水をかける作業が記されている。『新古今和歌集』では塩やきの作業がみられる。製塩は塩田にほとんど手をかけず自然に海水が入ってくるのにまかせる自然浜（揚浜）方式が長く続いた。塩の干満を利用して包みに囲った砂浜に海水を導入する古式入浜も作られた。これは後に，入浜式塩田になっていく。大豆の生産量が増え，味噌，豆腐，納豆などの消費が多くなり，禅僧により味噌をすりつぶ

問 丸 農業や手工業の発達とともに商品流通が盛んになった。交通の要地において年貢の保管や運送を行う必要性が生じた。販売や高利貸業も兼ねて営む者もあり，これらの業者を問丸と称した。

塩 田 自然浜法は揚浜法ともいう。浜に海水が自然に入ってくるのを利用する最も初期の塩田である。入浜式塩田では塩の干満を利用して砂浜に海水を導入する。塩田を堤で囲い海水を効率よく集めることができる。

して味噌汁とすることが始まったとされている。室町時代には、『節用集』の中に醤油の言葉が記されているように、醤油が製造されるようになった。甘味料は、はちみつや米飴（水あめ）が主流であったが、大陸との貿易により砂糖を使った菓子が作られるようになった。

茶道の儀式化と形式化が進み、豪族や大名の会になっていったが、商人の台頭により庶民的な自由思想をもとにした茶道も発生するようになった。茶はもともと最澄、空海が中国から日本に種を導入し比叡山で栽培したことに始まり、専ら僧侶が利用していた。栄西は「喫茶養生訓」を鎌倉幕府に献上し、緑茶の効用を示したので、幕府が関心を持つようになった。日本各地で茶が栽培されるようになると、その品質を競う会、闘茶の会が盛んになった。しかし、この会は次第に大名や豪族たちの酒宴の会になっていった。また、挽き臼の伝来により抹茶を利用するようになった。これにより小麦やそばの製粉も容易となり、粉食が普及した。村田珠光は足利義政の力添えによって東山茶道を完成させたが、これは大名の権威を誇示する貴族趣味的な茶道であった。その後、秀吉の大茶会になり、堺の商業都市としての繁栄による茶道の発生や、千利休の茶道へと発展する。堺における茶道の発生は武士という権力者に対する商人の庶民的な反抗思想が根底にあると評価されている。

鎌倉時代では、道元により著された「典座教訓」に料理や食事も修行の一環であることが示され、寺院における精進料理が発達した。一方、室町時代では武家の礼法が確立し、武家の宴席料理として、一人分ずつ膳に並べる本膳形式による料理が形成された。これは、日本料理の供応食形式の原型となっている（図4.10）。

3.3 近　　世

3.3.1 時代的な背景

安土桃山時代にはザビエルの来航により16世紀半ばから海外との接触が開始した。南蛮船が渡来し新しい食品も導入されるようになった。

鉄砲とキリスト教という新しい文化も取り入れ、鉄砲によって戦国の世は統一された。キリスト教は広く普及するにしたがって幕藩体制に対抗するものとして禁止されるようになり、17世紀半ばには鎖国令によって海外との接触は封じられた。しかし、鎖国中でも一部に交易は残存した。主な輸入品は中国からの生糸、輸出品は金や銀であった。

この時代の特徴は人口が確実に増加したことである。人口増加は18世紀以降の天候の不順により飢餓が発生するまで増え続け、その後は停滞傾向になった。安定した封建体制は武士を支配身分とする階層の序列化を固定した。人口の80%を占める農民の生産力は上昇し、庶民の文化や学問は着実に進展していった。

江戸時代の経済の根源は、増産がすすんだ米と直轄鉱山の収益（金や銀）である。しかし、金や銀は外国から輸入される生糸と交換するために使ったので、実質的には

当時の経済は米によって支えられていたことになる。近世の米の価格は17世紀半ばころまでは低かったが，次第に上昇し江戸時代の末期には約4倍になった。米価の統制はなかったので，凶作があると当然のことながら上昇した。元禄時代には著しい米価の高騰があり，一揆が起こることになる。

諸産業の発達も顕著であり，経済基盤の充実が進行した。繊維産業の発達と品質の良い陶磁器の生産がみられた。繊維としては木綿や生糸の生産が主であった。陶磁器としては有田焼，薩摩焼，萩焼，平戸焼，高取焼などが生まれ，有田焼では赤絵という技法が完成した。

3.3.2 安土・桃山から江戸時代の食文化

米の生産量の増加は中世から継続して進み，慶長から元禄の頃にいたる時期の産出量が最も多かった。戦国時代には戦乱の厳しさから農地は荒廃した。農民は兵役にとられる者もあり働き手が不足したことも原因となり，生産量は低迷した。各大名は精力的な米の増産に取り組んだ。新田開発も盛んに行われた。治水や溜池用水路の開削技術の進歩により，河川敷や海岸部の大規模な耕地化が可能になった。上流階級では精白米の利用が進むと，脚気が多く発生した。

一方，農民は天候の不順や虫の害などから免れ平年作での収穫を得ることができても，収穫した米のほとんどを年貢として上納していたため，農民の食生活は雑穀や野菜を中心とした質素なものであった。

伝染性の病気が流行し，栄養状態の良好でない農民は特に多くの死者を出した。『古呂利考』によるとコレラ，麻疹，疱瘡などが流行したことがわかる。

穀粉の利用も発展し，そば粉は安土・桃山時代ではそばがき，そば団子として食べられていたが，江戸時代になりそばに「つなぎ」を入れることでそば切りが作られるようになり，特に関東地方では屋台料理として普及した。関西地方では，うどんやそうめんが親しまれていたようである。

『農業全書』によると，栽培作物として雑穀，豆，根菜，果菜，果樹などをあげている。さらに綿，麻，煙草など原料になる作物の栽培など，全体で150以上にわたる作物の新しい栽培技術や農業知識を説いた。地方の風土や実情などに適した農産物の栽培が進むことになり，多くの特産品を生み出した。たとえば，出羽村山（最上）地方の紅花，駿河や山城宇治の茶，備後のいぐさ，阿波の藍玉，薩摩や琉球の黒砂糖，甲斐のぶどう，紀伊のみかんなどである。農村には米や麦のほか多種類の農作物が栽培され定着化するようになったので，生活が豊かになっていく者もみられた。

製塩は入浜式塩田が発達し塩の生産量が増えたので，塩の利用が拡大し，塩蔵品が多くみられるようになった。北前船の航路の発達ともあいまって塩鮭の加工が増え，大いに流通した。塩鰊や塩鰯などもみられた。また，板にすり身をつけたかまぼこが作られるようになった。

漁法技術にも発達と普及がみられた。網漁は全国に広がり，上総九十九里浜の地引

き網，網による鰯漁，松前の鰊漁などに代表される。なお，鰯は干し鰯やしめ粕などに加工され，良質な肥料にもなった。瀬戸内海の鯛や土佐の鰹などは釣り漁により，また網や銛による捕鯨，蝦夷地での昆布や俵物などがみられた。俵物とは，なまこを煮て干したいりこや干し鮑，フカヒレなどを俵に詰めたものであり，17世紀末以降には長崎貿易において中国（清）との交易で銅に代えられた重要な輸出品である。

食習慣だけでなく新しい食品も導入された。長崎では中国人だけでなくオランダ人との交易もあり，砂糖の輸入とともに洋菓子が多く入ってきた（4.2.2(3)参照）。また，ジャガイモもこの頃に導入されたものであるが，幕末には日本各地で栽培が始まっている。その他，南瓜や葡萄酒も入ってきた。出島では牛を飼っており，乳を搾って飲んでいたようである。揚げ料理が天ぷらとして入ってきたが，もともとは魚を揚げたものをさした。関東地方などでは昭和初期まで魚を材料としたものを天ぷらとし，野菜を材料としたものは精進揚げといって区別していたことと関連しよう。ひりょうず（飛竜子，飛竜頭）は粳米の粉を卵と練り合わせて揚げ，砂糖蜜に浸した菓子であり，やはり当時のものである。しかし中身がとうふになり，がんもどきのようなものに転じ，江戸時代後半に登場する。

現在日本人が和食といって日常よく食べるもの，たとえばそば，天ぷら，蒲焼，すし，豆腐などがこの頃に登場する。調味料としては醤油が一般化し，関東地方では濃い口醤油（銚子，野田），関西地方では淡口醤油（龍野）が発達し，東海地方では溜醤油や白醤油が生まれた。だしの技術が高度に発達し，さまざまな料理法が出現した。

武士とともに桃山期から元禄期までの文化の担い手は主に，町衆，すなわち都市（京都，大阪，堺，博多など）で活動する商人を主体とする新興勢力である。これらの力を背景として，堺の千利休は茶の湯の儀礼を定め，茶道を確立した。その中で懐石料理が確立され，侘茶にふさわしいものとして，簡素で合理的な料理様式が定着した。また，華道や香道なども発達した。堅苦しい本膳料理を略式化した袱紗料理がうまれ，精進料理を大皿盛りにする普茶料理が中国の禅僧隠元により伝えられたことにより，油揚げ，がんもどきなどの大豆加工品が多く作られた。江戸時代後期には，料理屋における酒宴向きの客膳料理である会席料理が広まった（図4.10）。現在の食生活と類似のものが増えており，一日3回の食事が一般化した。和食の原型は近世に形成されたといえよう。

3.4 近代・現代
3.4.1 時代的な背景

日本は19世紀中頃には，西欧の圧力によって開国を余儀なくされた。開国によって貿易は広範に開始されるようになった。輸出品は生糸，茶，海産物などであり食料品が多かった。輸入品は繊維製品や軍需品であった。「五品江戸廻送令」では雑穀，水油，ろう，呉服，生糸の五品は江戸の問屋を通して輸出するように制限した。輸出

に生産が追いつかず，問屋を通さずに商品が直接開港地に至ることが頻繁になったので，これを禁じたものである。流通機構が崩れるほどに物流が盛んに行われたことが示される。また，明治時代の財源の安定を目的にして土地制度や税制の改革が行われた。地租改正である。地主や自作農の土地所有権が確立し，物納を金納としたので商品経済との結びつきが深まった。しかし，従来の年貢による政府の収入は減らさない方針だったので農民の負担は軽減せず，各地で一揆に発展した。自作農が土地を手放して小作農になり，貧民として都市に流れるようになるなど，社会が動揺するようになる。しかし，産業界は紡績や重工業などを中心に活気（企業勃興）づいた。いわゆる日本の産業革命である。工業に比べ，農業の発達は鈍く，その後も米作を中心とした零細経営は続いた。大豆粕などの肥料の普及や政府による農事試験場での稲の品種改良の進展などにより，単位面積当たりの収量は増加した。しかし，都市人口の増加と食生活の向上によって，米の供給は不足しがちであった。米の増産よりも精力的に取り組まれたのは，生糸輸出の増加による需要増をまかなうための桑の栽培や養蚕であった。

　西欧列強を目標に定め，経済復興に努め，ついには第一次大戦を通じて世界の強国に列するに至った。第一次大戦は明治末期からの経済不況と財政危機を解消させ，大戦景気を生み出した。しかし好況は資本家のみであり，物価の高騰は多くの民衆を苦しめた。工業の飛躍的な発展に比較し，農業は引き続き停滞した。第一次大戦が終戦すると戦後恐慌や関東大震災によって金融恐慌が進むようになり，世界恐慌にまで発展し，社会が不安定な時期になった。

　対外的には台湾領有や朝鮮合併などにより領土を拡大し，満州事変や日中戦争によって東アジアへ侵略を進めた。ファシズム国家群とともに第二次世界大戦を戦い，敗北した。戦後の不況に陥った日本経済は，朝鮮戦争によるアメリカ軍の特需や国際的な軍需景気により輸出が増加したので，繊維や金属を中心に特需景気が起こった。ついで，「神武景気」と言われた大型景気を迎え，日本経済は急速に成長した。

　1955（昭和30）年以降，米の大豊作が続き食糧難からは逃れられた。防空壕やバラックでの生活から抜け出し，衛生状態は改善されたが，住宅難は続いた。1956（昭和31）年の『経済白書』が「もはや戦後ではない」と示し，生活苦は徐々に緩和されていった。まず不足するものを補うという形で量産がすすみ，消費革命（第一次消費革命）が起こった。量だけは確保されたものの，劣悪な商品も多く出回るようになり，ものがあふれた。人びとは次第に商品を品質によって選別するようになり，量産していた物資の質の向上がはかられるようになる。近代化の段階に入ったのである。

　戦後は，民主主義を基本方針に国際社会に寄与するために進んできている。1970年代は東南アジアや欧米から日本の経済進出への反動が生じた。ドルを中心とする国際通貨不安を契機として，円は変動相場制へ移行した。石油危機（オイルショック）により日本経済は大きな影響をうけ，国民総生産が戦後初めて縮小した。国際社会は，

冷戦，ソ連や東欧社会主義体制の崩壊，ヨーロッパ共同体の統合，アジア諸国の民主化と経済発展，宗教とテロリズムなど大きな変動のなかにいる。

3.4.2 明治時代から現代までの食生活

文明開化により洋食の導入が盛んに行われた。牛乳やパン（餡パン）の販売が開始され，肉食が始まり，飲食店が増えていった。嗜好品の種類が増え多様化した。たとえば，ビスケット，洋菓子，キャンディ，板チョコレート，コーヒー，紅茶，ビールなどである。洋風料理を和食に取り込んだ料理がみられるようになった。カレーライスやすきやきなどである。

しかし庶民の食生活はまだまだ質素であった。都会では一汁三菜が基本であり，米食だけの人はわずかで，多くは麦を混ぜていた。農漁村では米に麦だけでなく粟や稗などを混ぜて食べており，文明開化による新しい食生活は一部の特権階級に限られたものであって，庶民にまで広がるのは，かなり後のことになる。

資本家の好況は大衆文化を盛んにし，家庭においては従来の家長制度の崩壊が始まった。和洋折衷の食生活や文化住宅と呼ばれた市民住宅が導入されたが，それまではめいめいのお膳を家族の序列に従って配置した食事形態によって家長制度を遵守していた。狭い文化住宅では折り畳み式の卓袱台やテーブルを置くことになるので，めいめいのお膳はなくなり序列もつけられなくなった。結果的に，食事形態からは家長制度の伝承が困難になり，食事の場が初めて団欒の場へと変化した。都市部では水道やガスが発展し，家庭における電灯も普及した。洋食店はますます増加し，庶民がパンを容易に食べることができるまでに普及した。支那料理が大衆料理化した。著しい食生活の変化が見られたが，伝統的な日本料理は根強く継承されていた。

第二次世界大戦が開始されると政府は軍需工場を増やし，国民生活を極度に切り詰めさせた。成人一日 2.3 合（330 g）の米穀配給は，いもなどの代用品の割合が増えていった。開戦 1 年後の世帯調査では，食料購入回数を見ると闇価格によるものが穀類で 30％以上を占め，その他の食料では 50％近くが闇価格のものであった。国民一人あたりの摂取エネルギーは 1942（昭和 17）年に 2,000 kcal を割り，1945（昭和 20）年には 1,793 kcal まで低下した。

戦後絶対量が不足していた食料は占領地救済資金などによる緊急の輸入により確保され，大量餓死はかろうじて免れた。しかし，戦後は飢餓の時代が 10 年近く続き，平均的な摂取エネルギー値は 1,500 kcal 程度であったと試算されている。

神武景気によって，日本は 1970 年代初めまで経済の高度成長を続けた。所得水準の全般的な上昇は消費構造を変化させ，市場が拡大した。冷蔵庫が家庭に浸透し，食材の保管や管理が容易になった。また冷蔵に適する新規の食品類が登場した。冷凍庫も普及するようになると，冷凍食品や調理済食品が出回るようになる。食生活は著しく変化し，消費革命（第二次消費革命）が起こった。国民の生活は食生活においても，経済の高度成長過程の中で大きく変動した。しかし，食生活面では豊富な食材があふ

れ，市場の伸びは好調であった。レトルト食品が登場し，加工食品の生産量と消費量は飛躍的に伸びた。食品は簡便性が重要視されていった。「わたしつくる人，ぼくたべる人」というコピーが流行した。洋生菓子の消費も伸び，嗜好食品が注目されるようになった。

1970年代は全般的に戦後最も摂取エネルギーが高まっており，食生活においての成熟期と評価されている。この頃の食生活は，米を主食としながら，主菜・副菜に加え，適度に牛乳・乳製品や果物が加わった，バランスのとれた食事であり，後に「日本型食生活」（1980年）として提唱された。しかし，栄養素の摂取が充足された後には，その過剰による弊害も徐々に起きてきた。健康志向のはしりともいえようか，トマトジュースや野菜ジュースが注目されるようになる。当時の公害問題に象徴されたように，科学技術の発展は豊かな生活をもたらしたが，必ずしも人間生活の幸福に結びついていないことが指摘された。食生活も各自の生活の見直しが図られ，単に簡便性を追究することの問題点が指摘されるようになる。健康志向が高まり，健康食品やスポーツ食品が登場し，栄養補助剤（サプリメント）の市場も拡大し始めた。

日本は，戦後の飢餓，それに続く消費革命，そして激動期や成熟期を経過し，健康志向へと移行した中で，消費は美徳であると考え，物質的な豊かさを追求してきた。経済の論理，競争主義や効率性が重視された。マスコミはコマーシャルに新規食品やグルメ情報を流し，煽り，人並みに享受したいという消費者意識すなわち「中流意識」を定着させた。一貫して物質的な豊かさを追究した画一的な価値観が優先した。国民生活は豊かになった。1980年代に入っても経済成長は続き，後半は長期の好況であった。昭和60余年間において食生活が劇的に変化した革命期といえる。

しかし，年号が平成に改まった1990年代に入ると戦後最長の不況に陥ることとなり，はじめて，合理的な節約の論理が導入された。健康志向はさらに増強され，自然，新鮮，本物などの言葉が食品のコピーに多くみられるようになった。個性的な生き方が尊重され，食品業界は消費者ニーズを追求し多品種少量生産，販売期間の限定や賞味期限の重視などによって市場を展開させた。

2000（平成12）年に入り，長引く不況の影響から価格破壊やディスカウント商法が好調な伸びを示した。低価格のハンバーガーや牛丼などの登場，さらにはコンビニの弁当類にまで価格破壊が及んだ。コンピューターや携帯電話が普及し，食品もインター

表3.1　昭和の時代別食生活の特徴と志向

時代別キーワード	食生活の特徴	食生活志向
昭和元〜12年 （1926〜1937） 「モダン」と一汁一菜	文化住宅と台所の改善	美味志向のきざし
昭和13〜19年 （1938〜1944） 統制と代用食の時代	食糧の配給，統制の強化	ぜいたくは敵だ （戦時食，代用食）
昭和20〜25年 （1945〜1950） 飢餓の時代	量の確保 （闇市，買い出しの時代）	食べられればよい （竹の子生活）
昭和26〜35年 （1951〜1960） よみがえる経済と食生活	量から質へ （家庭電化，ダイニングキッチン登場）	栄養性，安全性，嗜好性 （4人に1人は栄養的欠陥）
昭和36〜47年 （1961〜1972） 高度成長と食品の多様化	調理ばなれ （加工食品ブーム ファミリーレストラン，ファストフード花盛り）	食の多様化，簡便化志向
昭和48〜58年 （1973〜1983） 成熟経済と健康志向	コンビニエンスストア登場 （外食産業，テイクアウト食品ブーム）	健康志向，高級化志向 （食文化の関心が高まる）
昭和59〜平成2年 （1984〜1990） 国際化と食文化	1億総グルメ時代 （個食化傾向の進行）	美味志向，高級化志向，健康志向 （自然・本物志向，安全性への関心）

出所：川端晶子：食生活─食生活志向の動向，食糧栄養調査会 編：食糧・栄養・健康1991年版，17-24，医歯薬出版（1991）

ネットで購入することができるようになると，実際に手に取って見比べることもなく，バーチャルな状況で食材を購入することが行われている。一段と強まってきた健康志向を背景に，各種メディアからの食や健康に関する情報が氾濫しており，情報を正しく判断する能力が必要な時代となっている。

食品を家庭内で調理して食事をとるか（内食），総菜などを買ってきて食卓にのせるか（中食），レストランやファストフード店で食べるか（外食）などの選択により食生活の合理化が図られており，食の外部化が進行してきた。その一方で多くの安全性の問題が生じることとなる。加工食品の衛生管理が法的に厳しく規制され，以前にもまして，食生活では安全性が最も重要視されていくようになってきた。また，家族の生活時間にはズレが生じ，孤食や個食など家庭の中においても食の多様化が進んでいる。

生産・流通技術の発展により旬が不明瞭となり，食のグローバル化により，世界各国の食文化を受容し料理を賞味できるようになってきた。また，ハレ（非日常）とケ（日常）の区別が希薄になり，日本の家庭料理，伝統料理や食文化の継承も崩れてきている危機的状況にある。日本の食文化の大切さを認識すると共に，次世代へよき食文化の伝統を伝えるために，日本政府は2005（平成17）年に「食育基本法」を施行するほか，「食文化研究推進懇談会」を設置した。懇談会がまとめた『日本食文化の推進』には，「日本の食文化は，美味しさ，美しさ，栄養バランスなどに優れ，家庭料理や郷土料理，大衆的な食堂から最高水準の料亭，さらに山海に産する食材にいたるまで，その多様性と豊かさは世界に誇れる有数のものである」と書かれている。近年，海外においても健康をもとめる意識から和食への注目が高まってきている。さらに，和食に代表される日本の食文化を守るために，日本政府はユネスコに「和食；日本人の伝統的な食文化」を無形文化遺産として提案し，2013（平成25）年に登録された。これらの一連の取り組みが，日本の食文化を良い形で次世代に受け継ぐための機会となり，今後の食生活の見直しに役立つことが期待される（図4.10参照）。

【参考文献】
江原秋善，渡辺直経：猿人，中央公論社（1976）
井尻正二編：大氷河時代，東海大学出版会（1979）
鈴木秀夫：氷河時代，講談社（1975）
渡辺誠：縄文時代の植物食，雄山閣（1984）
山内清男：石器時代の寿命，ミネルヴァ書房（1966）
関根真隆：奈良朝食生活の研究，吉川弘文館（1989）
井上晴丸：農業における近代の黎明とその展開（日本農業発達史1），中央公論社（1953）
今昔物語集，角川書店（1980）
おあん物語，女流文学全集1，文芸書院（1918）
雑兵物語，講談社（1960）
建礼門院右京大夫集，岩波文庫（1983）
金槐和歌集，岩波文庫（1984）

新古今和歌集，岩波文庫（1984）
山下政三：明治期における脚気の歴史，東京大学出版会（1988）
本朝食鑑 1，臨川書店（1980）
近藤正弥：魚河岸の記，東京書房（1974）
宇治拾遺物語，岩波文庫（1980）
杉浦昭典：大帆船時代，中公新書（1979）
食料需給表　http://www.maff.go.jp/jukyuhyou
細井和喜蔵：女工哀史，岩波文庫（1980）
山本茂美：あゝ野麦峠，角川文庫（1977）
高木和男：食と栄養学の社会史，丸善（1978）
高木和男：OA 時代の食生活，芽ばえ社（1985）
国民生活白書（要約）　http://www5.cao.go.jp/seikatsu/index-2.html
農林水産省，実践食育ナビ　日本型食生活を見直そう　http://www.maff.go.jp/j/syokuiku/zissen_navi/balance/style.html（2015 年 11 月 30 日取得）
農林水産省「和食；日本人の伝統的な食文化」とは　http://www.maff.go.jp/j/keikaku/syokubunka/ich/（2015 年 11 月 30 日取得）

【引用文献】
日本フードスペシャリスト協会，四訂フードスペシャリスト論，64-73，建帛社（2014）

4 日本の食様式—食文化と食習慣—

4.1 日本の自然と稲作文化

4.1.1 稲作の伝来

　日本の稲の起源地は，インドのアッサムと中国の雲南を含む地域と推定され，稲作伝来の時期は縄文時代晩期と考えられている。そのルートは諸説あるが，いずれも北部九州に渡来し，西日本，中部，東北地方へと伝来したと伝えられている。湿地帯に生育していた稲は，日本の自然条件に適しており，主要食物として普及していった。糧穀の確保は，日本を自然物採集社会（縄文文化）から稲作中心の農耕社会（弥生文化）へと変化させた。さらに支配者を生み，経済活動が基盤となる社会構造を構築していく。

4.1.2 米の食べ方

　稲作が伝来した縄文時代には，煮炊きに使う甕（かめ），蒸し器としての甑（こしき）などの道具も伝わった。弥生時代には，これらを使い，炊き干し法（米に加えた水が吸収されるまで煮る現在の方法）や，湯取り法（米に水を加え煮立てた後に水を捨て，さらに蒸し煮する）が行われ，現在の飯に相当する糒（姫）飯（ひめいい）（饘（かたかゆ）・固粥）が食べられていた（表4.1）。

　古墳時代には，米を入れた甑を，水を入れた甕の上に置き，火を焚いた竈（かまど）にかけ，「蒸す」調理方法が広まった（図4.1）。甕の水が沸き蒸気が甑の底の穴を通り，米が蒸される仕組みである。竈の登場により，固粥が炊けるようになり，米の調理法は大きく変化した。竈は熱効率が高く低燃費で，火強の調節ができ，短時間調理を可能とした。また餅米は蒸して，祭祀など特別な日「ハレ」の日に食べた。しかし甑を知らない人は，籾（もみ）を焼いて手で揉み，籾殻を焼いて粒食する「焼き米」で食べていた。

　奈良時代には，天武天皇により狩猟を禁じる禁令が制定された（675年）。仏教の不殺生戒（牛，馬，猿，犬，鶏）に基づき制定されたといわれるが，実際には米作りを盛んにする目的や，家畜を主に食していた渡来系の官吏や貴族を牽制するための政策と推定される。これを機に，米はより貴重な聖なる食べ物となり，祭祀でも重要な役割を果たすようになる。貴族社会では米が常食となり，米を搗いた白米と，玄米である黒米が食された。調理法は水を加えて煮る粥（水漿類：漿水・粥）と甑で蒸した飯類（饘・固粥）であった。強飯を天日で乾燥させた「乾飯（糒）（ほしいい）」は，旅先では葉にのせて水や

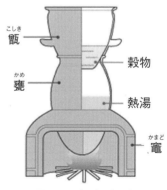

図4.1　竈（かまど）

出所：世界文化遺産を大阪に　百舌鳥・古市古墳群　http://www.mozu-furuichi.jp/jp/column_qa/vol007.html

湯で戻して食された。雑穀でも作られ，携行保存食とした。また大豆餅，小豆餅がつくられ，貴族の間で菓子として食べられた。

　平安時代の貴族は，朝夕2回の食事と間食の食習慣で，主食と副食の形式であった。主食は貴族で米（強飯，糲飯，汁粥，白飲，乾飯），庶民では「かて飯」や「味噌水（みそうず）」であった。水かけ飯，湯漬もこの時代に広まり（表4.1），魚と飯を発酵させて酸味を生じさせた「なれずし」も作られた。この時代には年中行事やハレの日がほぼ定まり，行事食として餅が定着し始めたことが，落窪物語や栄華物語にも書かれている。正月に鏡餅，上巳（3月3日）に草餅，端午に粽，10月亥の日に亥の子餅，結婚の儀に三日夜の餅，子どもの誕生を祝う儀礼に五十日の餅が用意された。

　中世，鎌倉時代には糲飯（ひめいい）が常食となった。武士の食事は朝夕2食で1回に米を2合5勺ずつ，1日5合であったと『瓦礫雑考（がれきざっこう）』(1817)に記録されている。室町時代には米の二毛作が行われ，貴族，武士だけでなく，庶民も米を食するようになった。安土桃山時代には，茶の湯において懐石料理が成立した。江戸時代には，飯，汁，三菜（膾（なます），焼き物，煮物）に強肴（和え物，煮物など）である一汁三菜が庶民にも普及し，1日3食の食習慣とともに定着していった。米はそれまでの玄米から精白米が中心となったが，その弊害として「江戸わずらい（脚気）」が多く発生した。雑穀，豆類，野

表4.1 米の調理法による分類

水漿類	白飲・漿（こみづ）	米に水多めで炊き沸騰後にしばらく炊いてから，粘り気のある白湯（汁粥より薄い重湯）
	汁粥（しるかゆ）	水多めで炊いた現在の粥．薯蕷や大根・栗・小豆・鰹・ワカメ・アワビなども入れた
	糲（姫）粥（ひめがゆ）	うるち米を多めの水分で煮たもの
	水飯（すいはん）	干飯や糲（姫）飯に水をかけたもの（お茶漬けの原型）
	湯漬（ゆづけ）	干飯に湯をかけたもの（お茶漬けの原型）
	薯蕷粥（いもがゆ）	薯蕷を薄く切ったものに甘葛の汁を混ぜて炊いた汁粥．禁中（宮中）の大饗などに用いた『宇治拾遺物語』『今昔物語』にも，記載されている
	味噌水（みそうず）	雑炊
	望粥（もちかゆ）	1月15日，米・小豆・粟・黍子・みの・稗・胡麻，大角豆（ささげ）・大豆・柿・芹・薯蕷などを入れた（七種）粥
飯類	糲（姫）飯（ひめいい）	うるち米に水多めで炊き沸騰後に更に炊き，粘り気のある白湯（漿）を除き再び蒸し上げる現在の普通飯（饘・固粥（かたかゆ）ともいう）
	強飯（こわいい）	甑で蒸した餅米，現在のおこわ
	かて飯（かしき飯）	米に粟・稗・蔬菜・豆を混ぜて炊いた飯
	味噌水（みそうず）	米を節約するために野菜を刻んで入れた粥で，現在の雑炊（増水）
	かたかしきのいひ	半熟飯
	黒米飯	玄米飯
	油飯（あぶらいい）	ごま油で炊めた炒飯
	餉（かれいい）	水や湯に浸して，柔らかくして食べる，長期保存用の干した飯
	乾飯・糒（ほしいい）	一度炊いた米飯を干した，携行保存食
	糲米（やきこめ）	籾つきのままの新米を煎り，臼で搗いて籾殻を除いたもの
	頓食（とんじき）	強飯の握り飯祝賀や産養（うぶよう）の際に，身分の高いものから低いものに配られた「源氏物語」で光源氏の元服のときに下々のものに配ったと記載されている．
	粔籹（こめ・おこしめ）	干菓子

菜類，魚鳥類などをまぜた「変わり飯」が多くみられ，困窮時の米の節米や主食の増量と同時に，味覚が追求された。また米は武士の俸給としても用いられ，経済や社会の基盤となっていった。

このような歴史を経て，現在の米の食べ方へ定着し，煮炊きに使う道具として自動炊飯器が発売（1955年）された。海外では，米を加熱調理するためだけの専用のライスクッカーで，誰でも同じようにごはんが炊けることから驚かれた。古墳時代に使用され始めた竈は，現在ではほとんど利用されなくなったが，炊飯器の製品名や説明書きには竈や「かまど再現」の文字がみられ，現代でもなお「美味しいご飯の炊き方」として再現されている。その後自動パン焼き器が発売（1987年）されたが，普及においては自動炊飯器に遥か及んでいない。

4.2 日本の食様式と異文化
4.2.1 大陸文化の移入

7世紀に始まった遣隋使，遣唐使の派遣は，多様な大陸の食文化をもたらした。この時代の特徴は，中国（もしくは大陸）の粉食文化が導入されたことである。粉食菓子の一種である唐菓子（とうがし・からくだもの）の多くは，米粉や小麦の粉を生地にしてさまざまなかたちに作り，油で揚げたものである（図4.2）。主に貴族の間で儀式や饗宴に用いられた。素麺の原形と考えられている索餅（さくべい）は，小麦粉や米粉などを混ぜ合わせ，引き延ばして縄のようにより合わせたものと考えられ，日本の最古の麺類と記録に残されている。

醤油は日本で発展した発酵調味料だが，そのルーツは中国の「醤」である。人びとは食物を塩に漬けて保存するうち，発酵・熟成して旨みをもつことを体験的に知り，それが醤の起源となった。日本では醤のたぐいが，縄文時代末頃からあったが，本格的に醤が作られるようになったのは，中国からの「唐醤（からびしお）」や，朝鮮半島からの「高麗醤（こまびしお）」の製法が伝えられた，大和朝廷の頃といわれている。

味噌は奈良の唐招提寺の開祖鑑真和上が来日（753年）の際に乾燥納豆（「味噌」のもと）を持参したと伝えられるが，日本の縄文時代の生活跡から，ドングリで作った「縄文味噌」が出土しているため，日本独自の味噌が作られていた節もある。日本で「醤」の文字は「大宝律令」（701年）で初めてみられ，「未醤」が「みしょう」⇒「みしょ」⇒「みそ」と変化していった。

砂糖は鑑真，または遣唐使が持ち帰ったとの2説がある。「正倉院」献納目録「種々薬帖」の中に「蔗糖二斤一二両三分并椀」と，日本で最初の砂糖の記録があり（825年），薬用としてごく一部の上流階級が用いた貴重品であったことがわかる。

鎌倉時代には，栄西により禅宗とその考え方に基づいた茶道（栽培茶）が伝えられた。喫茶の効能や製法を述べた『喫茶養生記』（1211年）を

図4.2 唐菓子再現
出所：虎屋文庫

著して喫茶法を広め，禅寺を中心に喫茶の慣習が生まれた。その後，喫茶は茶道，さらには懐石料理へと発展し，侘，寂など日本独自の文化の土壌となる。禅宗はまた，その質実剛健の気風が鎌倉武士に支持され，仏道を完成する精進修養の根幹をなす「精進料理」の発達を促し，禅僧の間食（軽食）として**点心**が普及した。

点心 朝夕の食事の間に摂る料理や菓子。鎌倉から室町時代に禅宗の僧侶が中国から伝えた。羊羹や饅頭の他，のちの和菓子の原型となる食べ物も含まれていた。羹（あつもの）は，汁物を意味する。もともと鼈羹（べっかん），猪羹（ちょかん）などは肉料理であったが禅宗寺院で肉食が禁じられていたため，代わりに植物性の材料を使った。のちに羊羹は甘い食べ物になった。

4.2.2 南蛮文化の移入

室町時代末期から安土・桃山時代にかけて，ポルトガル，イスパニア（スペイン）を「南蛮」と呼んだ。1549年の宣教師フランシスコ・ザビエルの来日から，1639年ポルトガル船の来航禁止まで，南蛮貿易は長崎や平戸で盛んに行われた。南蛮文化の移入による食生活への影響は，3つの分野に大別される。

(1) 食品の移入

南蛮貿易で移入された食品には，野菜類ではカボチャ，サツマイモ（甘藷），ジャガイモ，ホウレンソウ，トマト，キャベツ，果実類ではスイカ，ブドウ，イチジク，バナナ，香辛料ではコショウやトウガラシがある。これら食品の日本への普及の時期には差がみられる。特にジャガイモは明治以降と遅く，西洋料理と共に定着していく。

(2) 料理の移入

『南蛮料理書』により南蛮料理が伝えられた。料理法は蒸し物，焼き物，煮物の他に揚物，獣肉では鶏肉，香辛料ではコショウ，ニンニク，クチナシ，チョウジが多く使用された。トウガラシ（南蛮コショウ）は，南蛮漬や南蛮煮などの料理に，コショウは飯や吸物に使用された。うどんの薬味には，江戸時代前半には胡椒，後期には七味唐辛子が流行した。現在まで受け継がれている料理として，スペインのパエリアの影響を受けた大分県臼杵の郷土料理「黄飯・かやく」，長崎に伝わる卓上で食べる家庭での接客料理「卓袱(しっぽく)料理」や，南蛮の揚げ菓子の名残である現在のひりょうず（がんもどき）などがある。

(3) 南蛮菓子の移入

ポルトガルやスペインなど南蛮との交流は，鶏卵や大量の砂糖を使用した南蛮菓子をもたらした。南蛮菓子（図4.3～5）には，カステラやボーロ，金平糖，有平糖，カルメラのほか，「はるていす」のように胡椒・肉桂（香辛料を）使ったものや，煮詰めた糖蜜に卵を糸状に流した鶏卵素麺などがある。調理法では揚げ物および上下の火を使って焼く方法，現在のパイに近い作り方などがみられる。南蛮船は長崎・平戸をはじめ九州に多く渡来したため，南蛮菓子は現在も九州地域に多くみられ，長崎のカステラ，熊本のかせいた（加勢以多），福岡の鶏卵素麺，平戸のカスドース，佐賀・長崎のボーロが知られている。他にも，はすていら，ちちらあと，かうれんなどがあげられるが，姿を消してしまったものも多い。

南蛮菓子再現『南蛮料理書』より
米の粉と卵を合わせて油で揚げたもの。現在京都などで売られている豆腐料理の「ひろうす」の原形とされる。
出所：虎屋文庫

図4.3　ひりょうす

4.2.3 欧米文化の移入

本格的な欧米文化の移入は幕末から明治を待つことになる。明治政府は文明開化政策を行い，その影響は生活様式にまで及んだ。庶民の食生活にも養生と栄養の必要性が唱えられ，欧米食の移入は進んだ。代表的な食材は肉で，明治元年に初めて牛鍋屋が東京に開業して以来，神戸などにも開業が相次いだ。牛鍋は「牛鍋食わねば開化不進奴(ひらけぬやつ)」と，文明開化の象徴であった。さらに「肉食禁止令」から約1200年後の1871年，明治天皇による肉食再開宣言が出され，獣肉食は公的に解禁となる。日本料理化した西洋料理（和洋折衷料理），カレーライス，トンカツ，コロッケなどが生まれ，あんパンの誕生によりパン食も広まっていった。明治以来の欧米風文化移入の流れは現在まで，進化し続けている。

南蛮菓子再現『南蛮料理書』より
小麦粉の生地を切って油で揚げたもの
出所：虎屋文庫

図 4.4　こすくらん

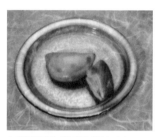

南蛮菓子再現『南蛮料理書』より
卵黄を使った餡などを小麦粉の生地で包み焼いたもの
出所：虎屋文庫

図 4.5　けさちいな

4.3 行事食と伝承料理

4.3.1 年中行事と食べ物

日本人の生活には日常生活（ケの日）と別に，特別な日（ハレの日）がある。ハレの日には2種類あり，一つは毎年同じ時期にめぐってくる「年中行事」，もう一つは，人生の節目にあたる「通過儀礼（人生儀礼）」である。

年中行事にはそれぞれ，ハレの日にまつわる神仏の供えなどの食物がある。栄養価が高い旬の食材を，より適した調理法で取り入れる工夫がされ，日常で不足しがちな動物性タンパク質などの栄養素の補給の役割も果たした。

年中行事を待つ人びとにとって「食」は楽しみであり，家族や地域の仲間と食の時間を共有にすることは，絆を強める意義もある。現在，伝承されている内容は，ほぼ江戸時代にその形式が整ったと考えられている。

(1) 正月関連行事

一年の始まりを祝う正月は，最も大切な節日である。正月飾りには，福を招き，災いを払う願いが込められている。

正月の代表的な飾りには門松や蓬莱(ほうらい)飾り（図4.6）がある。門松は，神様がおりてくるときの目印（依代(よりしろ)），蓬莱(ほうらい)飾りは，蓬莱山という神の山を床の間に作り，神をお招きして福を願うものである。おせち料理は宮中行事で「御節供料理」と呼ばれ，豊作や家内安全，子孫繁栄を願う意味が込められている。雑煮の丸餅は，魂の象徴とされる。1月11日に食べる鏡餅は「歯固め餅」とも呼ばれ，歯の健康と延命長寿の願いが込められている。

図 4.6　蓬莱飾り

出所：農林水産省　行事と食文化
http://www.maff.go.jp/j/keikaku/syokubunka/culture/gyoji.html

図 4.7　梶の葉
出所：図 4.6 に同じ

図 4.8　茱萸袋
出所：図 4.6 に同じ

(2)　五節句関連行事

　五節句の日には，中国の考え方の影響で 3 月 3 日のように奇数の重なる日が選ばれている。五節句は季節の草や木に関連した名がつけられ，季節の植物を食べて邪気を払う目的がある。

人日（じんじつ）　正月 7 日　七草…（七草粥） 古代中国の年中行事と，日本の若菜摘みの習慣が合わさり七草粥となった。平安時代は羹（熱い汁）を食したが，室町時代から粥となった。粥を食べることで，餅で疲れた胃腸を休める意味もある。

上巳（じょうし）　3 月 3 日　桃・よもぎ…（桃花酒→江戸時代以降は白酒） 3 月初めの巳（み）の日。重三，桃の節句，雛の節供ともよばれる。人形に自らの穢れや不浄を移して水に流す「流し雛」が，雛祭りの原型である。桃は魔を払う神聖な木，よもぎの香りは邪気を払うとされ，桃花酒，よもぎ餅などをお供えする。

端午（たんご）　5 月 5 日　菖蒲… 端午とは月初め（＝端）の午（うま）の日。重五，菖蒲の節句ともよばれる。中国では 5 月は物忌みの月「悪月」で，その災厄を払う目的で，採薬行事（鹿の若角から鹿茸（ろくじょう）採収や薬草採収），蘭湯（邪気を払うためランの葉を入れた湯に入る）などの行事が行われた。また田植えの時期であり，豊穣を祈った。その後庶民に広まり，中国で邪気を払うとされる粽と，柏の木（新芽が出るまで親の葉が枯れないため，代々継承が叶うといわれる）の葉で作る柏餅が食された。

七夕（しちせき）　7 月 7 日　竹・瓜… 七夕は，中国の織姫星と彦星の伝説，はた織りや裁縫の上達を祈る乞巧奠（きこうでん）の行事，日本古来の棚機津女（たなばたつめ）（水辺で機を織り神の降臨を待つ）伝説を合わせた行事。梶の葉（図 4.7）に和歌を書き，筆の上達を願い，葉でそうめんを包み屋根の上へ投げた。ナスやキュウリを川に流して神を待った。七夕には索餅（素麺の原型）を食べると疫病を免れるといわれ，現代まで伝承されている。

重陽（ちょうよう）　9 月 9 日　重陽の菊…（菊酒） 重陽とは，重九ともよばれ，陽数の九が重なる最大数のめでたい日とされた。しかし逆に中国では，この日は陽が極まって陰を生ずる不吉な日といわれた。災厄を避けるため，赤い袋に茱萸を詰め（図 4.8），ひじにかけて山にのぼり，菊酒を飲んで災いを免れた。平安時代の宮廷行事では，紫宸殿にて宴を賜り，茱萸袋を掛け，菊瓶を置いて悪気をはらう重陽節として盛んに行われた。庶民は栗飯を食べるので栗節句とも呼んだ。

(3)　農耕儀礼

　農耕儀礼とは，稲作の作業過程は田植えから収穫までの流れの中で，生産の無事・豊穣を願って行う儀式である。食糧の確保が生存に直結した時代では，米の豊作・不作は人びとの最大関心事であった。今日まで伝承されている行事もある。

　2009（平成 21）年ユネスコの無形文化遺産として登録された奥能登一円の農家に古

くから伝わる「あえのこと」は，代表的な農耕儀礼である。稲の生育と豊作の神である「田の神」を祀る儀礼で，翌春に用いる種籾俵をご神体として祀る。収穫後の12月にその年の収穫に感謝し，紋付袴の正装で「田の神」を自宅に招き酒の膳を並べる。まるで本当に神がいるかのように声を出し，一品ずつ料理を説明し，料理や風呂でもてなす（図4.9）。翌年2月の耕作前まで自宅に泊っていただき，再びもてなした後，家から田に送り出して豊作を祈願する。

能登には，神仏への信仰が色濃く残っている。年中行事は生きものがもたらす恵みへの感謝と，豊作・豊漁への祈りが強く込められ，節目ごとに行われる。またかつては，日常では口にできなかったご馳走（お餅やおはぎ，甘酒など）を，仲間や家族と楽しむ場であった。しかし行事の担い手の高齢化に伴い，これらの行事・風習の多くが伝承されずに失われることが危惧されている。

田の神に料理を説明し料理によるもてなしを行う様子
図4.9 ユネスコの無形文化遺産「奥能登のあえのこと」
出所：農林水産省　特集1世界農業遺産（3）http://www.maff.go.jp/j/pr/aff/1109/spe1_03.html

4.3.2　通過儀礼と食べ物

通過儀礼とは，誕生，成年，結婚，出産，厄年，還暦，葬儀などの際に行われる儀礼である。婚礼や仏事は家の行事ではあるが，地域社会の絆を深めて社会的な認知を得る意味合いや，次世代へ食文化の伝承が行われる場でもある。また仏事の場では相互の共同作業を通じて社会性を育む場にもなる。

かつて伝統的な儀礼食は，家や地域で手作りされていたが，現在では市販の食品が利用されることも多くなった。赤飯や餅，鯛，祝いまんじゅうなど，赤い色は邪気をはらい厄よけの意味をもつと信じられていた。葬式や弔事では精進料理など宗教的な行事食が用意される。供応の献立は時代，地域，階層などにより異なるが，江戸時代後期から明治時代にかけてその形式が整ったと考えられている。

（1）　婚礼と食べ物

武士の供応食として定着した本膳料理形式（4.4.2 本膳料理参照）は，江戸時代中期以降，各地域の農村や山間部の庄屋，名主など豪農の家に伝わり婚礼料理としても普及した。婚礼の献立は，身分に応じて料理の数や材料が異なり，別々に接待されるため江戸時代では3～4日におよぶことが多かった。本客用の献立では，酒の儀礼→膳部（本膳料理）→中酒→酒宴→茶・菓子の順に出された。新郎新婦の前には三宝（栗，のし鮑，昆布）が置かれ，仲人，両親，親族が並び盃と酒肴が用意された。酒肴は吸物で雑煮も出されることが多かった。膳部では銘々の膳，椀による個人単位の配膳であるが，酒宴では料理が大皿や大鉢などに華やかに盛られ，一つの皿の料理を分かち合って食べるため，互いの絆や村などの共同体の意識を深めた。

食材は，日常では口にできない鯛やエビを始めとする魚介類が多種類使用された。

刺身，膾（なます），汁物，焼き物，煮物，鯛麺など，さまざまな調理法の料理が提供される。江戸時代から明治時代には，食品加工技術が発達した。大豆製品，麩，菓子類が作られたが，なかでも高度な技術により多彩な祝儀用かまぼこが作られ，現在も婚礼の土産用折詰にこの慣習の名残がみられる。このように，手に入れにくい材料を豊富に用いた婚礼の饗応食をみると，婚礼が人生最大の行事であり，家の格式を示す重要な儀式として，その饗応食に多額の費用が投じられたことがわかる。

(2) 仏事と食べ物

葬礼の儀式は，江戸時代に一般にも浸透していった。葬儀では地域の人びとが相互扶助の組織を作り，調理方，御飯方（飯炊き），汁方，膳方（配膳）など役割を分担した。法事など仏事の食事は非時（とき），斎などの仏教用語でよばれ，主に1日目の午後の非時と2日目の午前の斎に食事がつけられた。料理は仏教的色彩が強く，生臭物を忌み精進食が用いられた。讃岐の庄屋階層の各家の葬儀の食事を見ると，一汁二菜〜三菜の精進による本膳料理が供されており，豆腐が多く使われている。地域により多少異なるもの，いずれも大豆製品（酢和えの油揚げや煮物のがんもどき（関西ではひりょうず）），麩，海藻類や季節の野菜類などが中心である。

4.3.3 行事食と日常食

多彩な食材と調理方法でつくられた行事食と比較して，「日常食」はきわめて簡素で単純であった。

日常食の中心は主食であったが，米は農民にとって年貢として幕府に納める作物であり，常食できる食材ではなかった。明治時代の商家の奉公人の日常でも，雑穀，いも類，野菜類などを加えた粥，雑炊などが主食であった。

古墳時代から江戸時代まで，各時代ごとに栄養バランスを比較してみると（表4.2），タンパク質は，16〜37％，脂質は11〜29％と幅がある。しかし炭水化物は52〜55％で，カロリー比率はほぼ一定で，現在好ましいとされている値の範囲内である。また，江戸時代の農夫，大工，商人の飯の量について，栗原信充『柳庵雑筆』（1848）をみると，主食は朝に1日分をまとめて炊き，一人4〜5合（600〜750g）/日で，摂取カロリーの80〜90％を主食で摂取している。大正時代（1917年）でも，一人米380g，大麦など120g/日（1,800kcal＝1日の摂取カロリーの75％）と依然穀類（主食）中心の食生活であったが，その後1960年には一人米360g，小麦など65g/日（1,500kcal＝1日の摂取カロリーの71％），2006年には一人米150g，小麦など96g/日（796kcal＝1日の摂取カロリーの42％）と欧米の食生活が定着した結果，次第に副食に重きをおく食生活へと変化している。

これに対して副食（汁，煮物，焼き物などの菜）は時代や身分で内容が大きく異なるが，質素であるとの記録が多い。式亭三馬の『浮世風呂』（1813）に，長屋の汁（おつけ）は「銀杏大根に焼き豆腐のさいの目」，お平（煮物，おかずをいれる器）には「お定まりの芋，にんじん，ごぼう，大根，田作」と記載されており，季節の野菜を中心にときどき豆

表4.2 時代別食事内容の比較

時代		総熱量/日	PFC比[*1]	食事内容		
卑弥呼の食事[*2]	古墳時代（250年頃）	857kcal	37:11:53	玄米の炊き込みご飯（ぜんまい、筍入り）110g	鯛の塩焼き100g、里芋、筍、豚肉の合わせ煮（150g・20g・20g）、蛤と飯ダコの若布汁（90g・80g）、焼き鮑（1/2個40g）、ショウサイフグの一夜干し（1尾80g）、炒りエゴマ風味のキビ餅（1個90g）、粟団子のシソの実和え（2個100g）、ゆでワラビ（10g）	高タンパク質、低脂肪食で、鯛、蛤、蛸、鮑、ショウサイフグなど魚介類が多く、タンパク質が多い調理法も焼く、ゆでる、あえるなど単純なもので構成されている 野菜として山菜も多く使われている
永平寺精進料理（現代の僧侶の薬石）	鎌倉時代（1300年頃）	700kcal	16:29:55	麦ご飯（160g）	厚揚げ・筍・人参・椎茸の清まし汁（30g・20g・20g）、沢庵（20g）、厚揚げ・切干大根・ジャガイモの煮物（100g・30g・120g）、薄揚げ・もやし・キュウリのゴマ酢和え（15g・50g・30g）	脂肪がやや多く、低タンパク質で、植物性食品からタンパク質や脂肪を取るので厚揚げ、薄揚げ、ごま油などが使われ、結果的に脂肪が多く、また野菜も多い
表千家の懐石 江戸中期（1732年5月12日七代目家元による茶会の献立、飯は最初の一盛）		672kcal	30:12:58	ご飯（40g）	独活と豆腐の汁（10g・20g）、お向こう：鯛の細造り（40g）、椀盛：なまこ梅干の煮物（50g・10g）、焼き物：鮎のつけ焼き（65g）、強肴：もみ瓜（80g）、吸い物：松茸（10g）の汁、菓子：くず饅頭（80g）	タンパク質がやや多く、低脂肪、飯、汁、向付、椀盛、焼き物、強肴（しいさかな）、吸い物、菓子と典型的なパターンである 低脂肪ではあるが食材、調理法が多様であり、バランスもよい
十返舎一九の食事	江戸後期（1800年頃）	566kcal	25:23:52	ご飯（150g）	豆腐（30g）と納豆（20g）の味噌汁、鯵の塩焼き（65g）、卯の花（65g）、ほうれん草のお浸し（50g）	やや野菜が少ないが江戸時代後期の食事は「現在の一汁三菜」にかなり近い 総カロリーはやや低いが、PFC比は現在の理想値に近い

[*1] Protein/Fat/Carbohydrate
[*2] 遺跡より炭化したエゴマ、アワ、混ぜご飯は推測、鯛、ふぐは遺跡で出土。鮑は魏志倭人伝による。
出所：香西みどり：日本の米と食文化、比較日本学教育研究センター研究年報、5, 63-73（2009）より筆者改変

腐・油揚げなどの大豆製品や小魚、貝類などをおかずとしていた様子がうかがえる。江戸時代の大名の日常の食事例でも、ご飯と汁に煮物が1～2品（時にはその一品が焼き物や和え物）に香の物が加わった一汁一菜か二菜の食事構成であり、魚介類の使用も多いとはいえない。

現在は「ケの食事」が豊かになり、「ハレの食事」を待つ喜びは半減した。それに伴い過去から伝承されてきた年中行事は、生活の中でその存在が薄れてきている。

4.3.4 郷土料理

郷土料理は地方特有の自然条件や歴史、食習慣の中で創意工夫され、行事食に付随する固有の食として伝承されてきた。代表的料理に、すしや雑煮があげられる。雑煮は各地で汁の仕立て方、だしの材料、餅の形状（角餅、丸餅、あん餅）、具の食材が異なり独特である。奈良の「きな粉雑煮」は白味噌仕立てで、丸餅（円満に過ごせるよう）を汁から取り出して別皿の甘いきな粉（黄/金粉；豊作を願い）を絡めて食べる。岩手県「くるみ雑煮・お雑煮くるみ餅」は、お雑煮（醤油味）の角餅に砂糖や醤油で味を付けた擂ったくるみを付けて食べる。三陸沿岸の一部地域では、おいしいものを「くるみ味」と表現する。香川県の「飴餅白味噌雑煮」は、砂糖あん入りの丸餅と甘い米

味噌で仕立てた雑煮である。讃岐高松藩は「和三盆」が特産品であったが，農民は口にできなかったため「正月だけは贅沢したい」との思いから，砂糖を餡に入れて餅でくるみ，さらに雑煮にして見た目わからないようにつくった雑煮である。

代表的なすしには，滋賀県の「ふなずし」がある。「なれずし」の一つで，すしの原型である。琵琶湖の淡水魚を塩と特産品の米を使い，乳酸発酵させた漬物である。ご飯の量，塩加減，鮒の洗い方など家庭ごとに異なる。また香川県の「かきまぜずし（ばらずし，ちらしずし）」は，砂糖が多く使われ，すし飯にサワラ，アナゴ，シバエビなどの魚介類を用いる。その背景には豊富な海の幸が得られる瀬戸内沿岸に位置していること，砂糖の特産地であったことがあげられる。

4.4 料理形式の形成と定着

奈良時代には既に貴族社会で接待料理が成立していたことが，長屋王邸出土木簡などからうかがえる。形式は明らかではないが，この接待料理が発達したものが，神饌（神社や神棚に供える供物）と考えられている。神饌は一定の料理様式を伴い，調理して供える熟饌（じゅくせん）と，生のまま供える生饌（せいせん）に大別される。平安中期に入り，皇族，摂関家，それ以外の貴族の序列が決定的になり，その接待の形式として「大饗」が定められた。現在詳細が確認できる最も古い料理様式は，この大饗（だいきょう／おおあえ）料理となる。

4.4.1 大饗料理

大饗料理は，藤原氏など高位の貴族が，大臣に任命された時や正月などに，皇族に振る舞う儀式料理である。身分により数は異なったが皿数は偶数で，手元に箸と匙とが置かれた。匙は朝鮮半島では定着したが，日本では日常では使用されなかった。「台盤」とよばれるテーブルの上一面に料理が並べられる形式は，朝鮮半島の「韓定食」に似ていた。小麦粉を練って油で揚げた八種唐菓子が添えられたことからも，唐文化の影響を受けていたことがうかがえる。

まだこの時代では，料理とは名ばかりで，生物や干物などの食材を小さく切って器に盛っただけであった。だし汁を取る，下味をつけるなどの調理技術が未発達で，味付けは，各自の膳の上に置かれた調味料（酒・酢・塩・醤）「四種器」（ししゅのもの）で自ら行った。「酒」や「醤」は貴重なものであったため，身分の低い者には「塩」と「酢」だけで，こちらは「二種物」と呼ばれた。また珍しい食べ物が好まれ，野菜は「下品な食べ物」とみなし食べない習慣であり，栄養的には不十分であった。

大饗料理では，「切り方を見せる」日本料理の特徴が成立した。「包丁上手」とは料理上手を意味し，切り口の冴えが料理の出来映えを決めた。朝鮮半島の盛り物は食品を串で積み上げるが，日本では美しい切り口を見せて重ね上げた。この日本独特の調理作法は平安時代に完成された。厳しい料理・食事作法も食べ物の種類ごとに定められ，『内外抄』や『古事談』（1160-1215）に記された。

4.4.2 本膳料理

鎌倉時代に武士はまだ貴族の家来（御家人）であり，貴族文化から多くを学んでいた。この時代には，「椀飯」という正月に御家人から将軍に料理を献上する儀式があった。当初は鯉一匹など簡単な物であったが，室町時代に入り武家の経済的政治的優位が確立し，朝廷の権限を吸収して公武一統を実現した。幕府政治の本拠地も公家文化の影響が深い京に移ると，武士は公家の文化を取り入れながらも，武士固有の饗応料理として「本膳料理」の形式を確立していった。料理に派手な工夫が凝らされ，品数も増えた。膳や皿の一部には金銀の装飾が施され，脚付きの銘々膳を用いた。お椀に盛った飯に打鮑，海月，梅干，それに酢と塩を添えたお膳で宴会をした。このようにお椀に料理を盛って振る舞うことを"椀飯振る舞い"と呼び，現代の大盤振る舞いという言葉のルーツとなっている。

本膳料理は，大饗料理の儀式的要素と精進料理の技術的要素とが組み合わされた料理様式であった。室町時代以降の盛大な饗宴には本膳料理が供されたが，これは大饗料理と同様に見た目は豪華でも料理は作り置きで美味しいものではなかった。献立の多くは，見るための膳で実際に食べられる料理は少なかったが，次第に「見る」料理から「食べる」料理に変化していった。「御成」などの本膳料理の饗宴では，後半の献部に合わせて能が演じられ，夜を徹した宴となった。

本膳料理の特徴は，「汁」にカツオと昆布の出汁が用いられたことである。室町時代に入り，干しカツオに「焙乾」という技術が導入され「鰹節」ができた。「昆布」

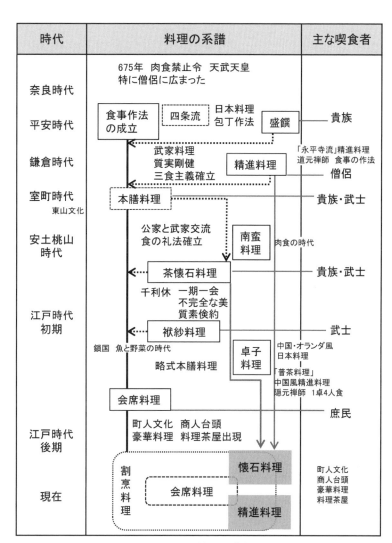

図 4.10 料理の系譜

出所：味の素株式会社 日本料理の歴史を参考にして筆者作成
http://www.ajinomoto.com/jp/features/library/japanesefood/index.html 参照

は特に北海道産が使われ，遠隔から商品が流通される仕組みが整ったことがうかがえる。

また料理人は「切る」技術を強調するため，包丁人とよばれた。一方の精進料理においては魚鳥を扱わないことから，僧坊で料理を担当する者は，包丁ではなく「調菜人」とよばれた。

日本料理の完成を見た室町期には，料理技術の体系化と記録化が行われ，多くの包丁流派と料理書が書かれたことも日本食史上画期的であった。「ご飯は左，汁物は右，おかずは奥」といった配置も定まり，食事の基本が確立した。儀式用の本膳料理は，身分に応じて料理数や座席の位置関係が決められ，社会的な立場を認識する場であった。こうした堅苦しく延々と続く本膳料理ではなく，茶会でお茶を美味しく楽しもうとする精神から生まれた「茶会席の料理」である懐石料理が，江戸時代には発展していく（図4.10）。

4.4.3 精進料理

中国から仏教伝来とともに導入された殺生戒の思想は，禅宗寺院を中心に厳格に守られた。植物性食品中心の料理文化が形成され，日本人の味覚に合うよう工夫され，精進料理へ発展した。精進料理の特徴は，植物性食材をいかに美味しく食べるかが追及された点にある。元来，野菜は「茹でる・焼く」の調理法が用いられていたが，これに「煮る・和える」が加わり，また「すり鉢・すりこぎ」が導入され，和え衣が胡麻，荏胡麻，胡桃，味噌，豆腐など多様化し，味が豊かになった（江原絢子・石川尚子・東四柳祥子 2009）。

4.4.4 懐石料理

「懐石」料理の語源は"禅林において修行中の僧が空腹を紛らわせるために懐の中に温石を抱いて温めた"という故事に基づき"粗末な食事"を意味する。正式な茶会では「濃茶」が振る舞われ，空腹状態で喫飲することを避けるため軽く食事をとる目的で，懐石料理が出された。懐石料理は，無駄を排除した佗茶にふさわしい料理形式が定着したもので，一汁二菜あるいは三菜を基本とした。懐石料理の基本的な献立は1) 飯，汁，向付が折敷にのせて運ばれる。2) 酒，3) 椀物，4) 酒，5) 焼き物，6) 酒，7) 預け鉢，8) 箸洗，9) 八寸，10) 湯と香の物となり，この後に茶を立て振る舞われる。この一連の茶事は4～5時間かけて行われる。茶と出される菓子は，当初は木の実や干し柿が用いられたが，砂糖の普及に伴い，米の粉，小豆砂糖を原料とする菓子が用いられるようになった。

当時は闘茶（賭け茶）が流行しており，茶よりも酒が優先されることがあった。しかし精神面を重んじた村田珠光や武野紹鴎らにより改められ，安土・桃山時代には，千利休が茶会の最後に行われる後段（酒宴）を止めることで，茶の湯は完成した。

利休の時代には「懐石」の語は使われず，むしろ「会席」が一般的であった。ところが近世後期になると，商人の経済活動が活発化し，あまり礼儀作法にしばられず，

豪華な食器でぜいたくな料理を楽しむ酒席料理が好まれるようになり，高級料理屋で茶の湯とは無関係な「懐石料理」が供されるようになった。そのため「茶会の席」で食する料理を「懐石料理」とよび，「懐石料理」から茶の湯の要素を切り捨てて，酒を飲み歓談しながら味わう料理は「会席料理」として発展していった（表4.3）。

表4.3 会席料理と懐石料理

	会席料理	懐石料理
起源	江戸時代中～後期（料理屋）	安土桃山時代（千利休）
料理の種類	酒宴向きのコース料理	空腹を満たす程度の一汁三菜
お酒の量	主役的存在	脇役
料理のあしらいなど	季節感を出す飾り物は残す	すべて食してかまわない
最初に供されるもの	酒の肴	ご飯と味噌汁
ご飯	最後のみ	最初，お代わり，湯漬けの3回
水菓子	普通に小一膳	ひと口くらい（一文字）
汁物	最後	出ない
最後の料理	ご飯　止め椀・香の物	湯（器を清め飲む）・香の物
亭主の役割	食事を共にする	客のもてなしに徹する

＊止め椀　味噌汁のことで，これを合図に「お酒は止める」の意味。
＊香の物には必ず「沢庵」があるのは，禅僧の食事作法にしたがっている。

4.4.5　会席料理

「会席」とは料亭などで行われる連歌や俳諧の席のことである。会席料理は，酒を中心とした味覚本位の宴席料理である。器や料理の盛り付けにも趣向が凝らされ，江戸中期以後に華やかな町人文化の向上に伴い洗練されていった。

一汁三菜（吸い物・刺身・焼き物・煮物）を基本とし，一汁五菜や二汁五菜，二汁七菜などがある。数が増えるほど豪華になり，偶数より奇数が縁起が良いとの考えから「菜」の数は必ず奇数であった。食事の流れは懐石料理とは逆に，先付：口取り，八寸が先に出て，椀物：吸い物，向付：刺身，鉢肴：焼き物，強肴：煮物，止め肴：原則として酢肴（酢の物），または和え物，食事；ご飯，留椀，香の物（漬物），水菓子；果物，と続き，最後に飯・香の物とともに出す留椀（止め椀）ですべての料理が終わる（止める）流れである。上記以外にも油物（揚げ物）や蒸し物，鍋物が出ることがある。油物が供される場合には一般に強肴のあとである。会席料理は当初，本膳料理の影響が強く，飯と酒が一体化していたが，次第に酒饌料理の構成へと変化した。ただし，本膳料理，懐石料理が飯の膳を中心とした定型の膳組であるのに対して，会席料理は酒を主体とし不特定多数の客の要求を満たせるよう不定形の膳組である点が特質といえる。

以上，大饗料理や本膳料理は公家儀礼・武家儀礼の際に食された料理であり，精進料理は茶礼という儀式的な側面が大きく，懐石料理に至っても茶会は予め定められた特権的な人びとしかその場に臨むことが叶わない特別な料理であった。しかし文化文政期（江戸時代）に入り町人文化の向上により，町民などの庶民層が料理茶屋でお酒を楽しむための会席料理が発展した。このように料理形式が，一部の特権階級の人びとの儀式的な位置づけから，町民などの庶民層の食へ変化を遂げたことで，味覚を楽しみ，食が人をつなぐ役割の中心にある，食本来の姿へ回帰していったと考えられる。

4.4.6 これからの食様式の課題

(1) 食文化の移入と家の役割の変化

食様式の変化に影響を与えた要因に,「食文化の移入」と「家の役割の変化」があげられる。近年の急速な食文化の移入は,米中心の日本食に変化をもたらした。家庭料理にも各国の料理がとり入れられ,味つけや素材の組み合わせも従来にないアレンジが加わった。また年中行事にバレンタインデーやホワイトデー,イースター,ハロウィーンなど新しい西洋の習慣やお祭りが加わった。通過儀礼（婚礼や仏事など）にも欧米化がすすみ,日本人が伝承してきた供応食の形態や食文化は変化した。

「家」は,これまで食文化の形成における最小単位であり,食様式の伝承の場であった。しかし単独世帯や働く女性の増加など,社会情勢の変化に伴い,料理をする家庭が減り,外部の食産業（外食,中食,通販,ファーストフードなど）への依存が高くなった（食の外部化）。孤食（家族と暮らしながら一人で食事）,個食（複数で食卓を囲みながら異なる食事内容）,子食（子どもだけの食事）,小食（ダイエット目的の食事制限）,固食（同じ食品だけ摂る）,濃食（濃い味付け）,粉食（パン,麺類など粉物を多く摂取）など問題は多様化しており,食様式はこれまでにない新しい形へと変化している。日本食文化の再構築には食育が重要であるが,本来伝承の場であった「家」に代わるものとして「給食」が期待されており,そのあり方が今後の課題である。

(2) 日本型食文化の再構築

国内で日本食離れが進む一方,海外では日本料理ブームが続いている。日本食の評価は年々高くなり,海外の評価から日本食の魅力を知る機会が増えている。海外消費者意識アンケート調査（2013年）で,好きな外国料理は日本料理が1位,外国人観光客が来日前に期待することも「食事」が1位,海外の日本食レストランは約8万9千店（平成27年7月）と年々増加している。

このような状況下で日本政府は,和食を日本人の伝統的な食文化としてユネスコ無形文化遺産に登録申請し認定された（2013年12月）。「和食」の登録申請概要には,和食が単なる「食事」ではなく「日本人の伝統的な食文化そのものであり,自然の尊重という日本人の精神を体現した食」,「社会的慣習」であること,年中行事と密接なかかわりがあることが記載されている。今回の申請で,国民が日本食文化のよさを再認識し,次世代に向けて保護・継承する機運の高まりへの期待が込められている。

日本において食は,「自然を尊重する」精神や文化と強く結び付いて形作られてきた。生活の一部分であり価値観そのものとも言える。日本食文化の良さが再認識され,関心が継続的なものとなり,現代にふさわしい新しい食文化が再構築されることが望まれる。

【引用・参考文献】

江原絢子・石川尚子・東四柳祥子：日本食物史，吉川弘文館（2009）

虎屋文庫：「和菓子の歴史」展（2010）

虎屋文庫：「南蛮菓子」展（1993）

香西みどり：日本の米と食文化，比較日本学教育研究センター研究年報，**5**, 63-73（2009）

農林水産省：日本食文化テキスト　http://www.maff.go.jp/j/keikaku/syokubunka/culture/mokuji.html（2016年1月28日取得）

農林水産省：特集1 世界農業遺産(3) 伝統的な農山漁村の営みが残る　能登の里山・里海：http://www.maff.go.jp/j/pr/aff/1109/spe1_03.html（2016年1月28日取得）

江後迪子：南蛮料理香についての一考察．別府大学短期大学部紀要，**13**, 21-26（1994）

米田泰子：日本食の確立におよぼした要因，京都ノートルダム女子大学研究紀要，**45**, 1-18（2015）

宮田登：日本を語る5　暮らしと年中行事，吉川弘文館（2006）

日本貿易振興機構 農林水産・食品調査課　日本食品に対する海外消費者意識アンケート調査（2013年）　https://www.jetro.go.jp/jfile/report/07001256/kaigaishohisha_Rev.pdf（2016年1月28日）

農林水産省　海外日本食レストラン数の調査結果の公表及び日本食・食文化の普及検討委員会の設置等について　http://www.maff.go.jp/j/press/shokusan/service/150828.html（2016年1月28日取得）

農林水産省　日本食・食文化の海外普及について（平成26年）　http://www.maff.go.jp/j/keikaku/syokubunka/kaigai/pdf/shoku_fukyu.pdf（2016年1月28日取得）

5 栄養面からみた食生活

5.1 日本人の栄養状態

2014年（平成26）に厚生労働省から発表された「平成26年簡易生命表」によると，日本人の平均寿命は男80.50歳，女86.83歳に達した。これは世界で第1位である。第二次世界大戦直後までは50歳くらいであったのが，その後急激に伸びたものである（図5.1）。この背景にはこの間に戦争がなかったことと，国民の生活水準が向上したことがあり，数値的には乳児死亡率の顕著な低下と，中高年層での脳卒中による死亡率の減少があげられる。医学の進歩がこれら死亡率の低下に寄与しているのはもちろんであるが，生活水準の向上に伴った食生活の大幅改善による影響も大きい。食事内容の充実とともに栄養状態が良好になり，感染症による死亡率の低下や体位の向上へつながったと考えられる。

日本人の食生活調査には，戦後1946年（昭和21）から厚生省が毎年1回行っている「国民栄養調査（現 国民健康・栄養調査）」がある。これによると食品摂取量では，米の減少と乳や肉の増加が著しく，それに伴いエネルギー源となる栄養素の摂取構成比は，糖質の減少とたんぱく質や脂肪の増加という変化になって現われた。エネルギー摂取をみると，近年は日常生活における活動量の低下などにより，若干減少傾向にあり，2014年では1,863kcalとなっている。摂取エネルギーの栄養素別構成比はたんぱく質（P）14.5％，脂肪（F）26.6％，糖質（C）58.9％であった。このエネルギー構成比は，栄養状態を判断するうえで一つの指標となるものであるが，1955年には（P）13.3％，（F）8.7％，（C）78.0％であったものが，1975年には（P）14.6％，（F）22.3％，（C）63.1％となり，現在に至っている（図5.2）。諸外国の例をみると，西欧諸国では（C）と（F）が同じくらいの40％台であ

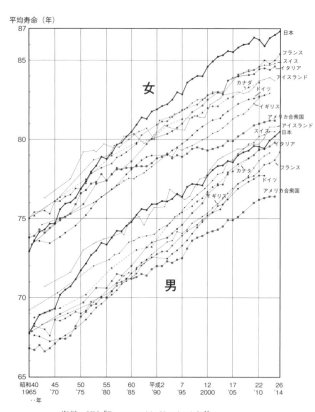

資料：UN「Demographic Yearbook」等
注：1990年以前のドイツは，旧西ドイツの数値である。

図5.1 主な国の平均寿命の年次推移

り，開発途上国では(C)が70％前後を示している。アメリカでは1977年にその適正目標を(P)12％，(F)30％，(C)58％と定めた。一方日本では，『日本人の食事摂取基準』(2015年版)によると，脂肪の総エネルギーに占める割合は1歳以上すべての年代で，20〜30％未満が目標量とされたので，(P)は11〜14％，(C)は61〜69％と

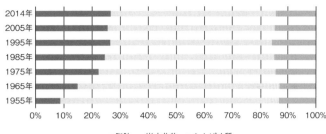

出所：厚生労働省「国民健康・栄養調査」

図5.2 エネルギーの栄養素別構成比率の推移

試算できる。これら基準と比べてみると，現在の日本人の栄養素摂取状態はバランスにおいてもほぼ良好であると判断できるが，(F)は1985年以降，毎年25％を超えて漸増傾向にあり，注意を払う必要がある。しかし，これはあくまで平均値であるので年代（年齢階級）別にみると，たとえば脂肪エネルギー比率は若年層が高く，またカルシウムはどの年代でも少ない傾向であるが，20〜40歳代が特に低く，年代による違いがみられた。このように日本人の平均値としては良好であっても，各個人がすべて本当に良好な栄養素摂取状態にあるとは考えにくく，この点に現在の日本における栄養上の一問題があると考えられる。

現実に国民健康栄養調査結果とは裏腹に，日本国民全体に不健康感が増大していることが，「平成25年国民生活基礎調査」（厚生労働省）において病気や怪我などの「自覚症状，生活影響，通院のいずれかが有り」(40.5％)や「上記すべて有り」(9.1％)，また悩みやストレスの理由が「自分の健康や病気」(20.0％)という結果にも現われており，健康増進をめざしていわゆる「健康食品」や「自然食品」の販売や使用が高まってきている。以下では，問題となる栄養状態に関して，ライフステージ別に概説する。

5.2 乳幼児期
5.2.1 乳汁栄養期
(1) 母乳栄養

乳児にとって母乳は自然で最高の栄養源であることはいうまでもない。1940年（昭和15）代ころまでは，ほとんどが母乳栄養であったが，1950年代初めころから人工栄養がめざましい進歩を示し，乳児の発育も母乳よりすぐれるものも出るようになった。その結果，母乳栄養は漸減し，1970年の厚生省調査では1ヵ月時で31.7％まで低下したが，その後45.7％（1980年），44.1％（1990年），44.8％（2000年），51.6％（2010年）と増加傾向を示した。一方人工栄養のみは26.3％から19.3％，13.1％，11.2％，4.6％（各年度，1ヵ月時）と，大きく減少してきていることは，母乳栄養の利点が再認識されたことを現わしている。

現在では母乳栄養がつぎの利点をもつと考えられている。①消化および吸収がよ

表 5.1 母乳育児を成功させるための十ヵ条
(1989 年 3 月 14 日 WHO/UNICEF 共同声明（ユニセフ訳）)

この十ヵ条は，お母さんが赤ちゃんを母乳で育てられるように，産科施設とそこで働く職員が実行すべきことを具体的に示したものです。

1. 母乳育児推進の方針を文書にして，すべての関係職員がいつでも確認できるようにしましょう。
2. この方針を実施するうえで必要な知識と技術をすべての関係職員に指導しましょう。
3. すべての妊婦さんに母乳で育てる利点とその方法を教えましょう。
4. お母さんを助けて，分娩後 30 分以内に赤ちゃんに母乳をあげられるようにしましょう。
5. 母乳の飲ませ方をお母さんに実地に指導しましょう。また，もし赤ちゃんをお母さんから離して収容しなければならない場合にも，お母さんに母乳の分泌維持の方法を教えましょう。
6. 医学的に必要でないかぎり，新生児には母乳以外の栄養や水分を与えないようにしましょう。
7. お母さんと赤ちゃんが一緒にいられるように，終日，母子同室を実施しましょう。
8. 赤ちゃんが欲しがるときは，いつでもお母さんが母乳を飲ませてあげられるようにしましょう。
9. 母乳で育てている赤ちゃんにゴムの乳首やおしゃぶりを与えないようにしましょう。
10. 母乳で育てるお母さんのための支援グループ作りを助け，お母さんが退院するときにそれらのグループを紹介しましょう。

出所：国民衛生の動向（1996）

く，代謝負担が少ない。②初乳には特に分泌型免疫グロブリンAやその他の感染防御因子が含まれ，腸管内感染などを防ぐ。③腸内乳酸菌（特にビフィズス菌）の繁殖を促進する。④抗原性がないので，牛乳アレルギーなどの心配がない。⑤スキンシップによる安定した母子関係が得られる。⑥衛生的に安全である。⑦調乳の手間や費用がかからない。⑧授乳により母体の産後の回復を早める原因となる。

これら多くの利点にもかかわらず，3ヵ月時では人工栄養率は13.2％（2010年）になり，乳汁のみの栄養で十分発育する時期でも人工栄養へと移行している。これらの事実は，母乳栄養を確立していくことの困難性を示していると考えられる。粉ミルクにした理由の第一位が「母乳不足」であり，母乳分泌の悪い母親が増加しているようであるが，母親自身の自覚と努力（"ぜひ母乳で"という意識や，食事に留意したり残乳をしぼったりすること）や，妊娠中の母親学級および産院での母乳奨励の指導，また家庭環境での授乳婦に対する肉体的および精神的ケアの問題（疲れや精神的ストレスは分泌を悪化させる）なども影響していると考えられる。ユニセフ（国連児童基金）とWHO（世界保健機関）は「母乳育児成功のための10ヵ条」（表5.1）を1989年に定め，これを実践している病院を1994年までに世界中で3000ヵ所認定したが，日本ではまだ20院（2001年現在）であり母乳栄養を推進する環境整備も十分とはいえない。

また近年職業をもつ母親が増えつつあるが，産休明けから職場復帰する場合は母乳栄養をつづけることが困難になる。1985年の調査でも「仕事の都合で」粉ミルクにしたという理由が，第二位であった。職場などで搾乳・冷凍したものを与えることも可能であるが，それを支援する態勢（搾乳のための部屋や冷凍設備など）がまだ不十分のようである。

一方母乳にも問題点は存在し，ここではそのうちの二点をあげる。一つには1966年ごろから注目されはじめたビタミンK欠乏性頭蓋内出血である。これは生後1ヵ月をピークとして健康な乳児に突然発症するもので，ビタミンKの静脈注射により治療することができる。予防は，乳児にビタミンKを投与することや，母親がビタミンKを含む食品（緑色野菜や納豆など）を十分に摂取することで可能である。

もう一つは1969年（昭和44）ごろから問題になっている有機塩素系農薬（DDT,

BHC，ディルドリンなど）や，PCB，また最近ではダイオキシンなどによる母乳汚染の問題である（7章参照）。有機塩素系農薬は1971年，PCBは72年から使用が禁止されており，母乳中のそれらの濃度は漸減しているものの，現在でもなお母乳から検出されている。この理由には，母体中に蓄積されたものが徐々に母乳中に分泌したり，また環境中に蓄積されたものが現在もなお食品に移行しているためと考えられる。したがって，妊娠初期から授乳期にわたっては，汚染の疑われる食品（一部の畜肉や近海産の魚介類特にその内臓や脂肪の部分）を避けるようにすることが望ましい。

(2) 人工栄養

1951年の厚生省令により規格が明示された調製粉乳は，その後著しく改良され，一時期は母乳よりも「健康でよい子」が育つかのように過信された時代もあった。前述のように最近は母乳の再認識により使用が多少減ってきてはいるものの，母乳に代わる乳児の栄養源として大きな役割を果たしている。1979年には規格が改定され，また成分的にも1983年8月の食品衛生法施行規則改正により，それまで粉乳に不足していた微量元素（亜鉛と銅）の塩類の添加が許可されたり，含硫アミノ酸の一種で人乳よりも含有量が少ないタウリンの添加が進み，1984年10月から国産育児用粉乳はすべて新製品となった。

これらの粉乳を正しく清潔に調乳して乳児に与えるかぎり，乳児の栄養状態としては十分なものが得られると思われるが，哺乳方法などで若干の問題点も指摘されている。哺乳量は月齢によっておよその目安が示されており，それに従って与えることになるが乳首が母乳より飲みやすい（吸啜力が少なくてすむ）ため飲みすぎになったり，目安量よりも少なくしか乳児が飲まない場合には母親が必要以上に心配して，残りを強制的に与えようとしたりということも起こりがちである。さらに哺乳びんを母親がもたずに何か物体に立てかけて乳児ひとりで飲ませるといった—母乳ではおこりえない—哺乳方法も行われる例があり，これでは基本的な母子関係の確立という，乳児にとって重要な心の発達を阻害しかねない。

また一部に誤った人工栄養の考え方もあるようである。第一は牛乳のほうが粉乳より自然でよいとする最近のいわゆる「自然食」の発想であるが，本来牛乳は子牛用であることを認識すべきであろう。第二には豆乳ブームの影響である。しかし，市販の調整豆乳などは，し好飲料の一種であって乳児の栄養には適さない。また乳児用の大豆粉乳（牛乳アレルギー用）があるが，これは治療乳である。第三にそのアレルギーを心配してのたんぱく質分解乳の利用であるが，これもまた治療乳であり，正常な場合と病気との混同を避けるべきことは当然であろう。

5.2.2 離乳期

乳汁のみの栄養では不足する5～6ヵ月齢になると，普通の食品（固形食）を外部からとり入れる練習をする時期いわゆる離乳期に入る。この初期の主たる栄養源は乳汁であるが離乳の完了する1歳前後ではさまざまな食品から栄養素を摂取することにな

る。乳児はこの時期に液体から固形へと食物形態が変化するのに伴い，吸啜運動から咀しゃく運動へと食物摂取方法を発達させていかなくてはならない。また乳汁の淡い甘味だけの世界から，塩味酸味苦味や旨味などを経験して味覚が形成されていく。したがってこの時期に与えられる食品は，栄養的な面はもとより，これらの発達や変化を十分に行わせる食べ物になるよう注意を払うことが大切である。

(1) 味　覚

　FAO/WHOの食品規格委員会では，缶詰ベビーフードの食塩調味を0.5％以下にするよう勧告した（1969年）。日本ベビーフード協会でも，同じく0.5％以下の食塩濃度となるよう調味を定めており，またアメリカでは食塩含有量の上限を0.25％とした（1981年）。これら塩味の規制の理由はつぎの考え方による。すなわち甘味は本能的に受け入れるが，他の味は生後の経験と学習によっておよそ3歳くらいまでに味覚が形成されると考えられており，幼少時に濃厚な塩味を覚えるとその後塩味を好むようになって，それが高血圧につながる恐れがある（刻印説）というわけである。しかし幼少時の体験が脳に刻印されるという，明確な証拠はないようで，それよりも離乳食の調味の基本は，「食品のもつ自然の味を生かしてうす味に」ということにあると考えられる。濃厚な味付けは乳児自身も受けつけないようではあるが，一方うす味にした離乳食よりも「家族の食事のほうを好んで食べる」という訴えもみられ，子どもにとってもおいしく感じられ，しかもあとに問題を残さない調味とはどのくらいであるのかは，今後の研究課題として残っているのではなかろうか。

(2) 咀しゃく運動

　咀しゃく運動の発達は「舌飲み」から離乳初期の「口唇食べ」（口唇をとじないと成熟型嚥下はできない），「舌食べ」，「歯ぐき食べ」と進んでいき，ここまで完了して初めて本来の咀しゃく機能である離乳完了期の「歯食べ」へと移行するが，この発達は1歳半から2歳がその臨界期ともいわれている。離乳期においては「歯ぐき食べ」までが順調に進むことが望ましく，その進行に応じた調理形態の食品を順次与えていくことが大切である。4, 5歳児の調査（岡崎光子ら：栄養学雑誌, 59 (2001)）によれば，離乳食を「幼児の口腔の発達に考慮した」，「食欲に合わせた」，「手作りに心がけた」と回答した保護者の幼児に歯のすり減りが多い傾向で，咬合力も大きく，また野菜や穀物など食物繊維の多いかみごたえのある食品を多く摂取していた。咀しゃく能力の発達に対して与える食品への配慮が不十分であると，本来行われるべき訓練がなされないことになって正常な発達が妨げられ，幼児期になっても「うまく噛めない」，「鵜呑み」，「噛まずに出してしまう」など，咀しゃくに問題が出る恐れがある。

　「よくかむ」ということはつぎの利点があると考えられる。①食物の本来の味を味わうことができる。②十分時間をかけて食事をすることになり，満腹中枢への刺激が適当な時期に行われ，過食を防ぐ。③咀しゃくの物理的刺激は脳への刺激となり，情

緒的安定や脳の発達を促し，心理的ストレスが解消する。④口腔組織の健康保持や増進（あごが発達する→不整咬合にならない→むし歯になりにくい，健全な歯肉になる）に役立つ。近年，あごの発達の不十分な子どもが多くなっているといわれるが，以上の点は，将来の生活全般にかかわることであり，この時期の重要性を認識すべきであろう。

5.2.3 幼児期

1歳を過ぎると食事の基本形式は成人と同様の三回食となるが，一回の摂取量も多くはなく消化吸収機能も未熟なので，三回の食事のみでは必要栄養素量をまかないきれない。そこで間食を与えてその不足分を補う必要がでてくる。この間食によって幼

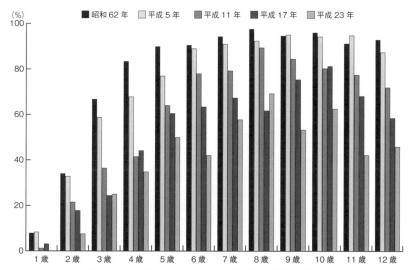

注：平成5年以前，平成11年以前では，それぞれ未処置歯の診断基準が異なる。
注：6歳未満は乳歯　6歳以上は乳歯＋永久歯
出所：厚生労働省「平成23年歯科疾患実態調査の概要」（厚生労働省ホームページより）

図 5.3 現在の歯に対してう歯を持つ者の割合の年次推移

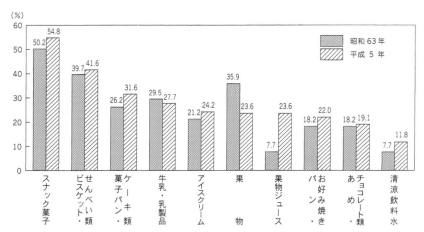

出所：平成5年国民栄養調査（厚生省保健医療局健康増進栄養課：平成7年度国民栄養の現状，第一出版（1995）

図 5.4 おやつの種類の年次比較

児の食生活は多様化し，食べることの楽しみも増えてくる一方，問題も生じてくる。

(1) 間食と虫歯

成長とともに虫歯の発生がみられるようになる（図5.3）が，これには間食の内容とその与え方がかかわってくる。間食は栄養的観点からみれば，軽い一回の食事と考え，食品の構成も各種栄養素のバランスがとれた内容が望ましいが，現実に摂取されている食品は市販の菓子類が約90％，手作りが約5％であった（内訳は図5.4）。また与える時間を「決めている」のが34％，あとは「欲しがる時」，「自由」に与えており，量を決めてない例も26％と，与え方にも問題はみられた（平成5年度国民栄養調査）。一方，虫歯の発生には砂糖が大きく寄与することが，科学的に明らかにされており，また砂糖消費の年次推移（増加）と虫歯の増加との相関も指摘されている。

そこで虫歯予防にはつぎの注意が必要であろう。①間食の回数の減少（甘味飲料にも注意）（表5.2，図5.5）。②歯磨きの習慣化（十分にはできない3歳以下くらいでは，甘味が口のなかに長時間残るアメ，ガム，チョコレートはなるべく与えない）。③十分によくかむこと。

> **虫歯の発生と砂糖の関係** 砂糖が口のなかに入ると，口腔内の常在菌である Streptococcus mutans が水に不溶なグルカンをつくって歯の表面に付着し，これにほかの細菌や食物残渣なども加わり歯垢（プラーク）を形成する。そのなかでこの細菌は乳酸をつくるのでpHが低下し，それにより歯のエナメル質が脱灰を始め，穴になっていく。
> ミュータンス菌は生後19〜31ヵ月くらいが最も感染しやすく，主に母親から離乳食のスプーンなどを通じて感染すると考えられる。

表5.2 間食の回数と虫歯の発生

	12ヵ月時での間食の回数		
	1回以下	2回	3回以上
24ヵ月時での虫歯をもつ人	28％	41％	61％
24ヵ月時での虫歯の発生率	6.1％	7.2％	15％

注：12ヵ月時での間食の回数が虫歯の発生にどのように影響するかを，24ヵ月時で調べたもの（井上ら，1979）
出所：浜田茂幸：歯の健康と食生活，第一出版 (1986)

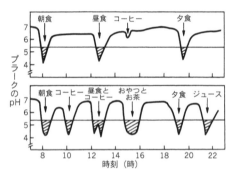

出所：浜田茂幸 同左

図5.5 食生活の違いによる歯面でのpHの変動

近年，新甘味料が開発され「シュガーレス」，「ノンシュガー」などと称した菓子が発売されているが，これらすべてが虫歯になりにくいとはいえない。厚生労働省では非う蝕性甘味料（パラチノース，マルチトール，カップリングシュガー，キシリトール）を使用したものには，特定保健用食品として「むし歯の原因になりにくい」と認めている。また日本健康・栄養食品協会では厚生労働省指導のもと，上記甘味料を一定比率以上含む食品にJSDマークをつけているが，砂糖もともに含有する食品もあるので注意を要する。また国際的組織のトゥースフレンドリー協会では，その食品を食べたあとの歯垢のpHが5.7以下にならないものにマークをつけている（図5.6，特定保健用食品のマークについては，2章図2.3

左：（財）日本健康・栄養食品協会認定「JSDマーク」
右：トゥースフレンドリー協会認定「歯に信頼マーク」

図5.6 認定マーク一覧

参照）。

(2) 偏食と食欲不振

離乳期をすぎると親の心配が増加するものに偏食と食欲不振がある。1歳くらいまでは親の与えるものは大抵なんでも食べるが，特に2歳ごろから好き嫌いをいうようになるので親が気にしだすのであろう。これは幼児期の味覚やし好の発達に加えて，精神的発達（自我の芽ばえ）の現われでもあるが，つぎの要因が重なると偏食が成立すると考えられる。すなわち，①子どもが神経質で内向的な気質，②単調な生活，③モデルとなる親兄弟の偏食，④食べることの強制，である。

離乳期からさまざまな食品を経験させておくと偏食になりにくいと考えられ，また幅広い食品を受け入れられるほうが子どもの精神的発達にも望ましいようではある。実際には，栄養的にみて，嫌いで食べない食品がほかの好きで食べている食品により代償される場合はあまり問題はない。しかし肉や魚類全体とか野菜全体を嫌う場合や，ごはんと卵だけという2～3種しか食べない場合は栄養素不足になりうる。しかし本来この時期の子どもは食べる量や好むものなどにムラがあるのが普通であり，また小学生でも偏食はかなり存在する（図5.7）。また，よりよく食べるには「これを食べたい」という心の状態も発達が必要と考えられる。そこでほぼ順調な発育を示していれば，調理の工夫や食卓を楽しく演出して食べることを誘うくらいで，決して強制せず高校生くらいまでに日常的な食品を自然に受け入れられるようにするのを目標に，気長に待つのがよいと考えられる。

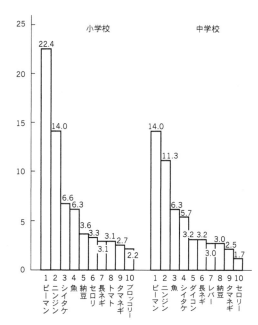

注：子どもの嫌いな食品を三つまで記入。
出所：School Lunch Note, ヤクルト（中村孝：食の科学，**99**（1986）より）

図5.7 子どもの嫌いな食品

名古屋市の調査（中日新聞，1996年5月15日付）によれば，偏食の少ない子どもの母親の約8割が食事の手伝いを「よく」や「時々」させており，その子は「進んで手伝う」が25.4％で，一方，偏食の子の母親の4割以上は手伝いをあまりさせず，その子も「進んで手伝う」は8.8％と対照的な結果であった。また家族そろって会話を楽しみながら食べる家庭の子どもには偏食が少ない傾向であったことは，この問題には食事をめぐる環境が重要と考えられる。

5.3 学童期

5.3.1 小児肥満

学校保健統計によると，肥満傾向児（性別，年齢別，身長別平均体重の120％以上のもの）の出現率は，1968年から10年間で約2倍となり，その後も確実に増加を続け90年度6～14歳ではおおよそ4～10％，2000年には6～12％となった。これ以降はや

や減少傾向となり2010年以降は横ばいを続けている（図5.8）。そのうちの高度肥満児（140％以上）では幼児期に太り始めたものが多く，放置すると成人肥満になるおそれも予測される。これは成長期で細胞増殖の盛んな時期に脂肪細胞数が増加するため，脂肪貯蔵能力が拡大してしまうからだと考えられ，20歳代以降からの肥満（脂肪細胞数は正常で，細胞が肥大）とは，質を異にしている。これらの肥満児のなかには，高コレステロール血症や脂肪肝，高血圧などがみられる例もある。これがこのまま生活習慣病（後述）につながるとはいえないが，注意を要するであろう。

肥満に至る原因は，代謝異常による二次的な場合を別にすると，太りやすい体質（遺伝的要因），誤った食習慣（多くは過食），そして運動不足であろう。

親は体質とともに肥満への生活環境も子どもに伝え，両親とも，母親だけおよび父親だけ肥満ならば，それぞれ80％，60％および40％の子どもが肥満するといわれる。

一方肥満児に対するいくつかの食生活調査によると，スナック菓子，清涼飲料水や肉類の摂取が多く油料理を好むが，ビタミンや無機質食品の不足傾向があり，エネルギー源摂取過多で脂肪エネルギー比が30％以上という特徴がみられた。また食べ方は，早食いや不規則な食事時間，多い間食また夜食などが認められた。

運動不足は1960年代から都市を中心に，活発に運動できる安全で広い場所が減少したため，ファミコンなど室内遊びが多くなったり，また学習塾やけいこごとなどのために自由に活動できる時間が減少したりで，子どもの生活環境が大きく変化したことで生じている。これは，単に運動不足という現象にとどまらず，十分に運動できないことへの欲求不満や，塾をはじめとする受験戦争へのストレスおよび情緒不安定が本人の意識の有無にかかわらず蓄積し，その解消手段として過食につながることも考えられる。

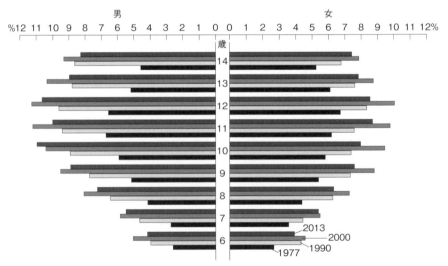

出所：文部科学省「平成25年度学校保健統計調査」（文部科学省ホームページより）
注：肥満傾向児とは，性別・年齢別・身長別標準体重を求め，肥満度が20％以上のものである。

図5.8　肥満傾向児の出現率

5　栄養面からみた食生活

　上記の肥満児における生活習慣は，程度の差こそあれ正常児群でもみられ，特に指導しなければ何年か後には異常となって現われてくることも報告されており（坂本元子：臨床栄養，76(3) (1990)），健康・栄養指導の重要性が指摘されている。

　肥満児の治療は，成長期なので成人のようにたんに減食をして体重を減少させる，というわけにはいかない。全体の成長には支障を来たさないことが必要であり，基本的には体重増加は抑え，年齢とともに身長の伸びることで体重とのバランスを改善することを目標におく。具体的には，①食習慣を規則正しくする（夜型生活から朝型へ変え，朝食はしっかりとる。間食は控える）。②年齢相応の摂取エネルギーとし，脂肪エネルギー比率を30％以内に抑える。たんぱく質，ビタミンおよび無機質は，成長に必要な量を摂取する。③運動量を増す（日常生活での家事手伝いや，子どもが楽しく取り組める運動など）。

　一方肥満児の背景には，親の過保護と子どもの精神的自立の遅れがみられたり，逆に，親が子どもの生活全般に無関心や無保護であることから，食事を含めた生活内容の不適正に陥っている場合もみられる。つまり肥満児の問題はたんにその子ども自身のみでなく，その家庭環境の関与も大きいので，両親に対しても保健教育をすることが必要になる。また「肥満」が理由で子どもどうしの悪口やいじめにあうことや，食事制限と特別の運動などが子どものストレスになることがあり，その指導には心理的配慮が大切である。

5.3.2　骨　　折

　子どもの骨折増加が話題になりはじめて10年ほどになるが，たしかに1970～91年の間に全国児童生徒の骨折率が約1.8倍に増加した（清野佳紀，厚生省「小児の骨発達に関する研究班」母子保健情報，32 (1995)）。また初めて骨折する年齢が低年齢化していることも，日本教職員組合（日教組）の調査で示された。骨折が多いのはカルシウム（Ca）不足も原因ではあろうが，食事から摂取されたカルシウムが骨に沈着するには，たんぱく質・ビタミンDなどの栄養素のほかホルモンなどの働きが必要である。骨折した子どもたちの食生活をみると，幼児期に肉類，牛乳や野菜類の摂取が少なかった者が半数くらいおり，骨折時点でもそれらの食品に対する偏食傾向が認められた。つまり骨折児はカルシウムだけではなく，多少なりとも全体的に栄養不良状態が推察される。実際，骨折児の骨塩量を測定してみると平均より低いものが多い（図5.9）。また小中学生の朝食の欠食や女生徒の「ダイエット」などもみら

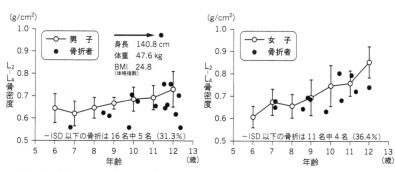

出所：清野佳紀：母子保健情報，32 (1995)

図5.9　骨折者の骨密度

れるが，ダイエット経験により骨塩量が減少することが知られており，本来骨塩量が増加するべき年齢での栄養不良状態は大きな問題であろう。

　一方，運動との関係を重視する見方もある。骨の折れにくさは骨の強さ（これには骨に複雑な力が加わる運動もよい）とともに，骨を支える周囲の筋肉の強さも重要で，それは筋肉をよく使う，つまり運動することで訓練されるのである。また運動をふだんよく行って反射神経が養われていれば，転んだりした際に，骨への衝撃を少なくさせる身のこなし方ができることにもつながるであろう。このように子どもの運動不足という生活面は，戸外での運動によりカルシウム吸収に必要なビタミンDの合成が紫外線によって促進されることも含め見逃せない観点であり，子どもがおかれている生活環境の現実をもっと深刻にうけとめ，子どもからのSOS信号としてとらえる必要もありそうである。

5.3.3　孤　食

　1982年にNHKテレビで放映された子どもだけの食事の実態は，多くの人に少なからず衝撃を与えたようである。この調査では40％近い子どもが朝食をひとりで食べ，また10％の者は一日中親と食事をする機会がなかった。同年の国民栄養調査では3～12歳の子どものうち21.4％が「子どもだけで」朝食をとり，「両親と」は37.0％でテレビ放映内容と同様の傾向を示した。さらに1988年の同調査（3～15歳）では，「子どもだけ」が増え（25.7％），「両親と」が減少（30.3％）した。そのうち，6～9歳（小学校1～3年）をみると，1982年には24.6％であったものが1988年には23.8％，さらに1993年は27.4％ととなり，2005年の調査では40.9％と大きく増加した。

　この「孤食」という食べ方は，子どもだけでなくどの世代にもみられる社会的現象のようであり，さまざまな調査がなされている。「子どもだけ」では「両親と」の場合より食欲が劣っている（1982年国民栄養調査）ことや，「夕食の孤食」，「朝食の欠食」の多い中学生で「生きていても仕方ないと思う」などのうつ傾向が高い（熊本日日新聞，2001年8月11日付）こと，また「孤食」や「個食」の頻度が低く食事中の「会話が多い」ほど，「イライラする」，「気が散る」，「むかつく」などの精神的自覚症状が少ない（小西史子ら：小児保健研究，**60**（2001））ことなどをみると，子どもの心身の発育への影響に対する「ともに食べる」ことの意義を改めて考える必要があろう。

5.3.4　学校給食

　明治22年に山形県で始まった学校給食は，2014年で125年となり，完全給食実施校は2014年では小学校で98.4％，中学校で81.4％となり，合計919万人の児童・生徒数に及ぶ。1954年に制定公布された学校給食法には，その目的がつぎのように示されている。すなわち「学校給食が児童および生徒の心身の健全な発達に資し，かつ国民の食生活の改善に寄与するものであること」とあり，さらに四つの目標が掲げられている。①日常生活における食事について，正しい理解と望ましい習慣を養うこと。②学校生活を豊かにし，明るい社交性を養うこと。③食生活の合理化，栄養の改善，

および健康の増進をはかること。④食糧の生産・配分・消費について，正しい理解を導くこと。

2009年4月の改定では，平成17（2005）年に制定された食育基本法を受けて「児童及び生徒の食に関する正しい理解と適切な判断力を養う上で重要な役割を果たすものであることにかんがみ，学校給食及び学校給食を活用した食に関する指導の実施に関し必要な事項を定め，もつて学校給食の普及充実及び学校における食育の推進を図ることを目的とする。」ということが加えられた。

(1) 栄養と食生活への影響

学校給食が子どもたちの栄養素摂取や食生活改善などにどの程度寄与しているのかを，いくつかの調査からひろってみよう。

独立行政法人日本スポーツ振興センターの「平成22年度 児童生徒の食事状況等調査報告書」によると，給食の有無で栄養摂取状態を比べてみたところ，給食のない日は特にミネラルやビタミン類の摂取量が少なく，なかでもカルシウムが推奨量に対して特に少なく，男子7割，女子6.5割であり，鉄も男女とも7割の摂取量であった。また一日の摂取量全体に対し学校給食（昼食）による栄養素摂取率が高く，ミネラルやビタミン類では特に学校給食への依存が高いことがうかがえた（図5.10）。

また非行が問題となった生徒たちの食生活を調べてみると，三食きちんと食べていない・食事時間が不規則である・家以外の場所で家族以外とともにまたはひとりで食べる・炭酸飲料，スナック菓子，調理加工食品が多い，温かい料理がほとんどない，という特徴があった。家族と同居しているはずの中学生がこのような食事をとるのを

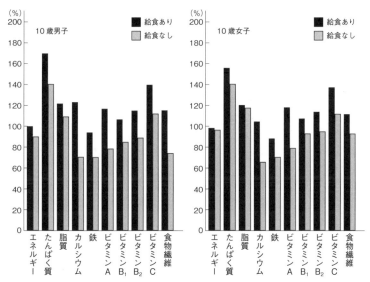

出所：独立行政法人日本スポーツ振興センター 「平成22年度 児童生徒の食事状況等調査報告書」
　　　（日本スポーツ振興センターホームページより）
注：上記報告データを改変
注：10～11歳の，エネルギーは推定エネルギー必要量（Ⅱ），たんぱく質は推奨量，脂質は目標量，カルシウム，鉄，ビタミンA B$_1$ B$_2$ Cは推奨量，食物繊維は目標量を基準に算出した比率

図5.10　学校給食のある日とない日の栄養素等摂取状況

許している家庭の問題も背景に考えられるが，一方で一般生徒の家庭においても家族そろっての食事が少なく，加工食品を多用した料理が食卓に並んでいるなど，それほど大差はないようであった。このように学校給食のみが唯一栄養的バランスのよい食事のようであるが最近食べ残しが多く，それもたんに量が多いというより嫌いなもの（牛乳や野菜）を残す傾向であり，問題である。

　一方，学校給食で育った世代と給食未経験の世代間では，好きな料理がはっきりと違っており，洋風献立（ハンバーグ，シチューなど）は経験者に，一方和風献立（ひじき煮付，煮魚，野菜煮付など）は非経験者に好まれるという調査結果がある（1980年農林中央金庫調査・18～40歳の3000人）。この好みは学校給食における子どもの好きな献立（表5.3）に似ており，学童期に「おいしい」と感じたものを成人になっても好んでいると推察される。この傾向が今後の新しい給食経験世代にも継承されるならば，伝統的な日本の「おかず」が忘れられる心配もあり，給食献立の内容にも食文化継承の意味を含めた配慮が望まれる。1976年から始まった米飯給食によって，おかずも主菜，副菜，汁物，デザート，牛乳というパターンに変わってきており，きんぴらやひじきの煮物など和風化も進んできていることは，望ましい傾向と考えられる。しかしそれにもかかわらず小学生の好みはカレー，ハンバーグ，肉類，ラーメン（2000年全国農業協同組合連合会「子どもと食べ物」調査）で表5.3とほとんど変わらず，このままでは将来の生活習慣病なども危惧されており，し好のみで食事をしないようにするための食教育の必要性が高まっているといえよう。

(2) 食 教 育

　文部科学省では食の指導についてつぎの目標を掲げている。すなわち，①栄養的な偏りのない食事を楽しく取ることが日々の健康や心の安定につながること。②正しい食事は健康な体と心を作ること。③子どものころの偏った食習慣は，将来の生活習慣病につながること。④将来の食生活を形成する上でも小学生の時期がきわめて重要であること。⑤食事や当番活動をとおして豊かな心や望ましい人間関係を育成すること。⑥地域で培われた食文化を体験し，郷土への関心を深めること。⑦どのように食環境が変化しても，食の自己管理が実践できる能力を育てること。

　これらの指導については，特に栄養教諭の配置が進められている。この食教育を食

表5.3 学校給食で子どもの好きな献立

順位	1971	1977	1981
1	カレーシチュー	カレーシチュー	カレーライス
2	サラダ	スパゲッティ	やきそば
3	やきそば	やきそば	ハンバーグ
4	スパゲッティ（ミート，ナポリタン）	めん類	スパゲッティ
5	カレーライス	サラダ	カレーシチュー
6	おでん	カレーライス	鶏のからあげ
7	フライ	ハンバーグ	ラーメン

出所：学校食事研究会（大国真彦：母子保健情報，**10**（1985）より）

表5.4 適正な食習慣にするための食教育

1	肥満児にしない
2	和食を好むようにする
3	ゆっくり食べる癖をつける
4	薄味になれさせる
5	野菜好きにする
6	甘い飲料水を飲む癖をつけない
7	脂っこいものを好物にしない

出所：中村丁次：食の科学，**10**（2001）

習慣（表5.4）として定着させるには小学校のみでは困難とも考えられ，栄養教諭・学校栄養職員の増員や，中学校での給食実施率の向上なども含めて考えられるべきであろう．

5.4 青年期

高校生ぐらいになると家族とは別の生活時間が増え，食事のパターンも親の管理下からはずれる部分が増加する．また大学生や社会人（未婚）となると，親元を離れひとりで生活する者も多くなり，自分自身で生活時間や食事のパターンを管理することになる．しかし自己管理能力が十分に備わっていない場合は，生活全体や食事上の乱れを生じやすい．

5.4.1 欠食

朝食の欠食率はずっと増加傾向にあり，国民健康・栄養調査（2014年）において調査日の欠食状況を調べたところ，年齢層では男女とも20～29歳が最高（男性37.0%，女性23.5%）である．1994年調査で15～19歳がその親の年代層と比べて欠食率が高くなっていた結果がその後の習慣となって定着したことがうかがえる．また"欠食あり"では"欠食なし"の者と比べ，「夕食時刻不規則」や「夕食後に間食多い」など，食生活リズムの乱れがみられた．1997年調査ではこの層では週2，3回以上欠食する者が多く（男45.0%，女28.0%），このうち約半数が「ほぼ毎日欠食」であった．これら欠食者の多くは「中・高校生頃から」欠食するようになっており，また，2000年の同調査では，「1日最低1食，きちんとした食事を2人以上で楽しく30分以上かけて食べている者」が20歳代で最も少なく（男性約50%，女性約70%），特に男性（15～29歳）は栄養や食事について「あまり考えない」「まったく考えない」ですごしているものが多い（約50%）ことがうかがえる．

このような朝食欠食や栄養的な考慮をしない食事では，一日の栄養所要量を満足しうるとは考えられず，潜在的な栄養不良状態，特にビタミンやミネラルの不足に陥っていることが予想される．栄養学専攻の女子学生調査（安田和人：日本ビタミン学会第38回大会，1986年）では，自覚的に健康であり一般血液分析も異常でない者の血液中ビタミン量を測定したところ，ビタミンCとB_1で潜在性欠乏の者がそれぞれ3.0%と9.4%発見された．この学生たちの食事内容は，計算上ではビタミン摂取量も所要量を超えていたのである．また20歳代の6，7割が身体的，精神的疲労をつよく感じている（中日新聞，2000年11月28日付）ことは，前述の国民栄養調査結果と合わせて考えると，潜在的な栄養不良状態を示しているともみられる．このような食生活の状況が生活習慣として定着すると，壮年期において健康上の問題が出てくることが考えられる．

5.4.2 現代の脚気

1974年（昭和49）ごろから西日本一帯で「下肢に浮腫を伴う多発性神経炎」が主

として夏季に若い男性（高校の運動部員，激しい肉体労働者など）に発生した。初めは原因不明とされ，学会でも新しい病気の登場かと疑われたが，ビタミンB_1欠乏症（脚気）と判明した。脚気は，白米の普及に伴い明治から昭和初期に都市を中心に多発したが，ビタミンB_1発見（1911年）によって治療および予防法が確立された。その後，食生活向上によって発症が減り，近年では忘れられた病気になっていた。

最近のこれら患者の食事は，インスタントラーメンの多食，清涼飲料水や砂糖入りコーヒーの多飲，そして副食をあまり食べないことなどの糖質への偏りや，外食ばかりとかアルコール飲料の常用などが特徴であった。つまり高糖質・低たんぱく質，糖質の代謝に必須なビタミンB_1の欠乏した食生活をする一方，ビタミンB_1の需要を高めるスポーツや肉体労働を行っていたわけで，夏季のエネルギー代謝の激しい時期に発病したのであろう。患者は都市の単身生活の男性や下宿・寮生活の学生であり，食生活管理が不十分であったようだが，家族と生活する高校生でも患者例と似た食生活で運動する場合があり，前述の栄養学専攻の女子学生の例も考え合わせると，多くの潜在性B_1欠乏症の存在が疑われる。食品が豊富に出回るなかで，その選択を誤ると栄養不足に陥る例の代表といえるのである。

5.4.3　女性の貧血

貧血とは，血液中で酸素を全身に運搬する役割を果たす血色素（ヘモグロビン）量が減少した状態であり，血色素を含む赤血球数の減少や，赤血球中の血色素濃度の低下により起こる。一方，めまいや立ちくらみなどの症状を示す脳貧血は，一時的な脳の血行障害であり，また低血圧症は貧血と症状が似ているが別の疾病であって，ここで問題にする貧血とは異なる。貧血の原因は五つ考えられる。すなわち，①赤血球生産機能が不十分（再生不良性貧血），②赤血球の寿命が短い（溶血性貧血），③赤血球や血色素の原料不足により生成不十分（鉄欠乏性貧血），④赤血球母細胞の成熟が不十分（巨赤芽球性貧血，主としてビタミンB_{12}や葉酸欠乏による），⑤体外への出血による血液の損失（胃腸の潰瘍，がん，外傷）である。

このなかで最も多い例が③である。赤血球の原料はおもにタンパク質や鉄であるが，このうちで鉄不足（鉄欠乏性貧血）が，貧血と診断されるうちの70〜80％を占め，2011年の国民健康・栄養調査では血色素濃度の低いもの（女性12 mg/dl未満）の割合は，20歳代（14.4％）から40歳代（20.9％）で高かった（身体発育により鉄の要求量が増加，女子の月経血中への鉄の損失，妊娠・出産後の潜在的鉄欠乏が顕在化）。

貧血を防ぐには鉄を多く含む食品（肝臓，ひじき，大豆製品，ホウレンソウなど，特に動物性食品中のヘム鉄は吸収がよい）を利用するとともに，畜肉・赤身魚肉などを代表とする良質たんぱく質や，鉄の吸収を高めるビタミンCを十分に摂取することが重要である。

妊娠　妊娠時の後半期には生理的に赤血球濃度が下がるが，それが一定レベル（血色素濃度11 g/dl）未満になると妊婦貧血とされ，胎児の発育遅滞や妊娠中毒症につながりやすく，また分娩時の異常や早産になることもある。

5.4.4 摂食障害

(1) 神経性食欲不振症

近年増加してきた思春期特有の疾病に，神経性食欲不振症，いわゆる拒食症があるが，1981年には厚生省の特定疾患に指定され，調査や研究が進められてきた。この疾病の大きな特徴は，患者が10歳代後半から20歳代の女性に多いことであろう（最近は，男性や小学校低学年にも増加しつつある）。症状はまず自発的に，または胃腸の調子の悪化や精神的ストレスの自覚症状を理由に，食物摂取を拒否し（しかし食べないにもかかわらず，食べ物や料理には異常な興味を示す例も多く），標準体重の20％以上の体重減少が3ヵ月から数年続いて無月経となる例が多い。検査では食欲低下や体重減少を来たす体の異常は検出されない。本人は病気と思っておらず，物につかれたように活発に動き回る。病状経過中に食欲を抑圧しきれず大食になる場合（次項，過食症参照）があるが，意志の弱さに対し自己嫌悪に陥ったり，肥満を恐れて食後に嘔吐や下剤を使用する例もある（嘔吐による胃酸の逆流で歯をいためたり，消化液の多量排出で体内の無機質を失ったりする）。治療を拒否し，不幸にも死亡する場合もある。基本的には精神的疾患であるが，精神分裂症やうつ病ではなく，二次的に食欲中枢に乱れが生じていると考えられる。「ヤセ」願望が異常に強く，自分の姿を他人がどう思うかが気になって徹底的に減食し，やせ細ると満足感を得てさらに低体重を望むというように，ボディイメージがゆがんでいる。その心底には女性としての成熟を拒否する気持ちが潜むようだが，何らかの挫折経験から今後の失敗を恐れて，無意識的にそう演じているとも考えられる。病因はいまだ十分には解明されていないが，本人の精神的発達，母親との関係，家族のあり方そして現代社会の問題（発展途上国ではほとんどみられず，日本国内では都市に集中する傾向）などが指摘されており，これらが多元的に相互作用していると考えられている。

治療にはまず，精神面のケアが重要である。カウンセリングなどにより本人が主体的に自分の食行動の不自然さや体の異常に気づくようにし，正しい食習慣を回復していくことが望ましい。

(2) 神経性大食症（過食症）

1980年代後半には，やはり精神面の問題から逆の症状—過食—になる例も注目されてきた。症状は食べることへの強い衝動による「ムチャ食い」のあと，体重増加への病的恐怖感で多食後に嘔吐または下剤を使用し，翌日は強い自己嫌悪と抑うつ感に悩まされるというエピソードを繰り返し，アルコール中毒の女性版ともいわれ，摂食障害の一つである。外見上では異常を見出せないが，拒食症と比べれば本人の病識はある場合が多く，「悪習慣を何とかしたい」と治療を求める例もある。性格的には周囲に対する過剰適応（いわゆる「いい子」）がみられるという。拒食症から移行する患者も多く，さらにアルコール依存症をも合併する例では治療が困難になり，事故，病気，自殺などによる死亡率も高いので，過食初期での治療が重要である。

両摂食障害に共通する特徴は体重および容姿への異常なまでの執着が認められるが，これらの背景には女性の社会進出によるストレスと，スリムな体型を賞賛する社会の雰囲気があると考えられる。国民健康・栄養調査では，一時期20歳代のやせの者（BMI 18.5未満）は24％を超え，1980年と比べると約2倍という増加傾向となった。平成26（2014）年国民健康・栄養調査ではやや減少し，20歳代17.4％，30歳代15.6％となったが，依然多く，20〜30歳代の女性は「ダイエット」経験が4〜5人にひとりはあること，また20歳前後ですでに50〜60歳代の骨密度を示した者は，「ダイエット」経験を若いうちから，また繰り返し行っていた者に多い傾向であること（広田孝子：母子保健情報，32（1995））を考え合わせると，これらの障害にまでは至らなくても不要な減食などにより健康を損なう恐れとともに，将来骨粗鬆症になる危険性も危惧される。

5.4.5 妊娠期

妊娠および授乳期は，母子ともに健全であるように，非妊娠時以上に栄養上の配慮が重要になるため，栄養所要量は非妊時に対し付加量が示されている。最近の国民健康・栄養調査の結果からは母体の極端な栄養不足は考えられず，むしろ過剰栄養あるいはその奥にひそむ食事内容の偏りが，妊娠中・出産時・産後の母体や胎児・乳児への影響となって現われてきている。

(1) 妊娠高血圧症候群

妊娠高血圧症候群は，高血圧，または高血庄に蛋白尿を伴う症状を示し，妊娠20週以降，分娩後12週までにみられる，主として腎臓や血管系に異常の現われる一連の症候群である。ひどくなると子痛，肺水腫胎盤早期剥離や分娩時の大出血につながる。この妊婦からは早産児・未熟児の出生が多く，新生児死亡率も高い。また出産後の母体にも後遺症を残すことがある。

予防と治療には，適切な体重コントロールと食事管理が重要である。すなわち食塩とエネルギー源の制限，かつ高たんぱく質とし，高コレステロール血症がみられる場合は動物性脂肪はひかえて不飽和脂肪酸の多い植物油を使用するよう指導する。治療上の生活は，安静とストレスを避けることが望ましい。

(2) 妊婦肥満

妊娠期間中の体重増加は，胎児の発育（約3000g），胎盤や乳房の発達（約1400g），羊水や血液の増量（約1100g）および子宮の増大（約900g）などを含め，約10kgまでが正常とされている。しかし「胎児の分を含めて二人分を食べるべき」という昔ながらの考え方の背景とともに，最近は簡単に入手できるファースト・フードやインスタント食品などの利用により，エネルギー消費が少なくて多食傾向に陥りやすく，体重増加が15kg以上になる例もある。

妊婦肥満は血中の糖質や脂質量の増加につながり，糖尿病などの糖代謝障害，高血圧，妊娠高血圧症候群や羊水過多症になりやすい。さらに分娩時には陣痛微弱で分娩

時間が長びいたり，巨大児で難産となり帝王切開の頻度が上昇し，また出血多量となったり，分娩後も子宮の縮小が遅れたりで産後の回復が遅くなる。

治療にはバランスのとれた食品構成で，低エネルギー食（糖質，特に菓子類を制限）にする。果実はビタミンやミネラルの供給源となるが，糖分含量が高いので無制限には食べないほうがよい。また過労にならない程度に軽い運動（散歩など）をして，エネルギー消費をすることも大切である。

肥満妊婦では分娩時の体重減少（胎児と胎盤など）以外の分は，蓄積脂肪として残存するが，これが中年肥満につながりやすいことが指摘されている。授乳婦の食事摂取基準は，妊娠前と比べて余分に摂取すべきと考えられる推定エネルギー必要量を，推定平均必要量及び推奨量の設定が可能な栄養素については母乳含有量を基に付加量を示してある。妊娠肥満であった場合や母乳を与えない場合は，摂取量を減少すべきであるが，それに留意せず妊娠後期の食欲亢進状態を習慣的に続けてしまうと，中年肥満につながっていくのである。

5.5 壮年期

日本人の死因は結核が長期間第一位を占めていたが，医薬の進歩などにより第二次大戦後急激にその死亡率が低下した。それに変わって1951年（昭和26）から死因のトップになった脳卒中（脳血管疾患）は，1981年（昭和56）にはがん（悪性新生物）にその座をゆずったが（図5.11），1985年（昭和60）の人口動態統計では心疾患が第二位となった。2011年（平成23）には肺炎が第三位となったが，それまでの長期にわたり，悪性新生物，心疾患，脳血管疾患が三大死因として全死亡の約6割を占めていた。

がんを含めてこれらの疾病などは主として40〜60歳以上の年齢に高頻度で現われるため成人病と呼ばれていた。これらは感染症のように急に発生する病気ではなく，長期間で進行し治療にも時間を要するとともに，完全治癒が困難である。発生原因の根本には加齢に伴う生体の老化現象があり，それに遺伝的要因や環境的要因（生活習慣—食事，運動，休養，ストレス，飲酒，喫煙など）が深くかかわって発病すると考えられるため，厚生労働省では予防に重点をおき「生活習慣病」とい

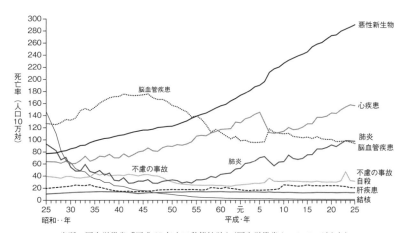

出所：厚生労働省「平成25年人口動態統計」（厚生労働省ホームページより）

図5.11 主要死因別にみた死亡率（人口10万対）の推移

う呼称を1996年から用いることにした。したがって，この生活習慣を良好にすること，特に食生活管理は，これらの疾病の発病，進行および予後にとって非常に重要になってくるのである。

おもな生活習慣病は次の通りである。①肥満症，②高血圧症，③脂質異常症（動脈硬化性疾患予防ガイドライン2007年版による名称），④高尿酸血症，⑤2型糖尿病，⑥循環器病（冠動脈疾患，脳卒中など），⑦アルコール性肝疾患，⑧がん（悪性新生物），⑨歯周病，⑩骨粗しょう症など。

これらのうち①〜⑥は相互に関連しあって進行していくことから，その予防や治療に関する留意点は非常に関連が深い。

> **脂質異常症** 高コレステロール血症，高トリグリセリド症，低HDL血症を含む。

5.5.1 メタボリックシンドローム

近年の研究の結果，これらの疾病の発症には上記①の肥満症，特に内臓に脂肪の蓄積する肥満が深くかかわっていることがわかってきた。すなわち内臓に蓄積した脂肪細胞から多彩な生理活性物質が分泌され，その結果として糖代謝異常（高血糖），高血圧，脂質代謝異常を引き起こし，さらには動脈硬化を促進し，これらを放置し続けると動脈硬化性疾患，すなわち脳卒中や虚血性心疾患，糖尿病へと進行していくというものである。そこでこれらをまとめてメタボリックシンドローム（内臓脂肪症候群）という名称として，その診断基準（表5.5）が示された。すなわち，内臓脂肪蓄積を臍部ウエスト周囲径の測定値と，それに加え脂質代謝異常，高血圧，空腹時高血糖のうちのいずれか2項目以上が該当する場合をそれと診断し，発症を未然に防ぐことに用いることとした。平成25（2013）年国民健康・栄養調査によると，メタボリックシンドロームが強く疑われる者は男性に多く，40〜74歳では26.0％，さらに予備軍と考えられる者が26.2％みられ，併せると過半数を超えている。

5.5.2 虚血性心疾患

三大死因のうちがん以外の心臓病（虚血性心疾患）と脳卒中の背景には，動脈硬化という血管障害が存在する。「人は血管とともに老いる」といわれるが，弾力性に富んだ血管が加齢とともにしだいに硬くなり，その内面も滑らかさを失っていくのが動脈硬化である。いくつかのタイプのうち，大・中動脈の内膜に脂質やカルシウムなどが沈着するアテローム（粥状）硬化症が，上記二大死因の原因となる。

> **死亡診断書** 国際疾病傷害死因統計分類の改訂に伴って，1995年から死亡診断書には「疾病の終末期としての心不全」を書かないようにしたために心不全死亡総数は減少した。しかし虚血性心疾患の死亡率は特に減ってはいない。

心臓の筋肉に血液を送る冠状動脈に動脈硬化がすすんで狭くなり，そこに血栓がつまって閉塞すると，その先への血流が失われて心筋組織が急に壊死してしまう。これがいわゆる心筋梗塞で，突然に発作と激しい痛みがおき数時間以内に死亡する場

表5.5 日本のメタボリックシンドロームの診断基準

腹腔内脂肪蓄積	ウエスト周囲径	男性≥85 cm 女性≥90 cm
	（内臓脂肪面積　男女とも≥100 cm² に相当）	
上記に加え以下のいずれか2項目以上（男女とも）		
高トリグリセリド血症 低HDL-コレステロール血症	かつ／または	≥150 mg/dl < 40 mg/dl
収縮期血圧 拡張期血圧	かつ／または	≥130 mmHg ≥ 85 mmHg
空腹時高血糖		≥110 mg/dl

（日本内科学会誌　2005，94：191　一部改変）
出所：臨床栄養108（6）臨時増刊（2006）

合もある。狭心症は動脈硬化が原因ではないものもあるが，多くは冠状動脈硬化により血管が狭くなっているところへ，運動や寒冷などの誘発原因が加わって一時的に血流減少がおき，心筋が酸素欠乏になるため胸痛などの発作をおこすものである。

心筋梗塞の危険因子の第一は，低密度リポたんぱく質（LDL）コレステロール値が高い（140 mg/dl 以上）ことである。これのみでなく高密度リポたんぱく質（HDL）コレステロールが低い（40 mg/dl 未満），または血清トリグリセリド値が高い（150 mg/dl 以上）こと，男性，加齢，高血圧，糖尿病，喫煙，家族歴もリスクとなる。欧米諸国では死因の第一位を占める国が多く，多くの疫学調査によると，食生活では脂肪，特に飽和脂肪酸，つまり肉や乳製品の摂取過剰が原因の一つと考えられている。また最近ではトランス脂肪酸がLDLコレステロールを上昇させてリスクを高めることがわかってきている。日本では近年脂肪摂取量およびそのうちの動物性脂肪の割合が増加傾向にあり，特に若い世代ではこの傾向が著しいことが指摘されており，この世代の将来が懸念されている。

トランス脂肪酸 脂肪酸の分子構造の立体異性体。二重結合部分についている水素が，炭素を結ぶ直線の両側に位置している。植物油の精製や加工中に生成する。

予防の基本はエネルギー摂取を適正にすることである。さらにLDLコレステロールを低下させ，HDLコレステロールを高めるような食生活が重要で，動物実験からは多価不飽和脂肪酸（PUFA；植物油中のリノール酸や魚油中のEPA，DHAなど），一価不飽和脂肪酸，またアメリカの研究によれば未精製穀物の摂取や難消化性多糖類も心臓病予防効果があるとみられる。また食生活ではないが喫煙は主要な危険因子であるので，禁煙はぜひ勧めるべきであろう。

また近年の研究によれば，動脈硬化はLDLが何らかの変性を受けることが発端であり，その変性は血液中の活性酸素がかかわると考えられている。生体内で生じる活性酸素は抗酸化物質によりその酸化活性を抑えることができるので，血液中の抗酸化物質を高める食事，すなわちビタミンE，C，カロテノイド，ポリフェノールなどを含む食品を多く摂取することも勧められる。

5.5.3 脳卒中

脳卒中は，脳への血流が障害されることで意識や運動に急激な支障を来たすものを総称しており，脳出血，脳梗塞，およびくも膜下出血に大別されるが，前者二つが主として動脈硬化によりおこると考えられる。脳出血はもろくなった血管が血圧上昇により破れて出血し，脳の組織が破壊される状態であり，従来は最も多いタイプであったが減少してきた（図5.12）。代わって増加してきた脳梗塞は，粥状動脈硬化により内径が狭くなったところに血栓がつまり，徐々

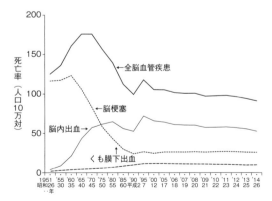

出所：厚生労働省「平成26年人口動態調査」（厚生労働省ホームページより）
注：平成6年以前の「脳血管疾患」は，一過性脳虚血を含む。
注：昭和53年以前の「脳内出血」は，非外傷性頭蓋内出血を含む。

図5.12 脳血管疾患の死亡率（人口10万対）の推移

に血管腔がふさがって血流がとまるため，下流の脳組織が死滅する状態である。

脳卒中の最大危険因子は高血圧である。血圧の正常範囲は最高血圧（心臓収縮時）130 mmHg 未満，最低血圧（心臓拡張時）85 mmHg 未満（日本高血圧学会）で，これ以上がメタボリックシンドロームの診断基準のひとつとなっており，最高 140 mmHg 以上または最低 90 mmHg 以上の場合を高血圧としている。高血圧の原因は明確ではないが，日本では食塩摂取量の多い地方に脳卒中が多いことが疫学調査により判明してきた。一方外国には，食塩の多量摂取地域が必ずしも高血圧や脳卒中の多発を伴わない例や，またラットのうちで食塩への感受性が高く高血圧になりやすい系統が発見されたことから，人間にも遺伝的要因の差が存在すると考えられ，実際に食塩を多くとっても血圧が上がりにくい人もいる。食塩は生理的にひとり 1 日 0.5 g 程度とればよいと考えられるが，日本人の摂取量は平成 26（2014）年国民健康・栄養調査では，男子 10.9 g，女子 9.2 g であった。摂取目標量よりも依然高い数値であるため，『日本人の食事摂取基準』（2015 年版）からの目標量は 2010 年版より厳しい成人男子 8.0 g 未満，女子 7.0 g 未満に変更された。目標達成にはさらに努力と調理上の工夫により，しょうゆ・みそ・食塩その他の調味料（これらで全摂取塩分中約 55％ を占める），漬物，魚介加工品，パンなどからの摂取を減少させることが必要である。また幼少時から薄味に慣れさせることも大切である。

脳出血では，高血圧のほかに，血清総コレステロール値が低いことにより血管壁の抵抗力が弱まっているため，血圧変化に対応できずに出血するものと考えられる。また血清アルブミンの低値も，危険因子になるとの報告がある。血清総コレステロールは脂肪摂取が，また血清アルブミンは良質たんぱく質摂取が，それぞれ多いほど値の高くなることがわかっている。近年の脳卒中死亡率の低下，とくに脳出血の減少は，脂肪やたんぱく質摂取の増加という食生活の変化による面も大きいと考えられる。

『日本人の食事摂取基準』（2015 年版）によると，総脂質の総エネルギーに占める割合は 1 歳以上すべての年代で，20〜30％ 未満が目標量である。また飽和脂肪酸，n-6 系脂肪酸，n-3 系脂肪酸の各目標量が示されている。目標達成には調理上の工夫のみでなく，塩分の多い加工食品の摂取を減らす必要もあろう。

5.5.4 糖尿病・肥満

糖尿病は歴史の古い疾病で紀元 2 世紀ごろすでにその記載がみられ，患者の尿が甘いことから名づけられたものだが，尿に糖が出現することが主要な問題なのではなく，膵臓から分泌されるインスリンというホルモンの作用低下（インスリン抵抗性）により，体内にとりこまれた糖（グルコース）の代謝に異常がおこることが問題となる疾患である。

比較的若い年齢で発病し治療にはインスリン注射を必要とするインスリン依存型と，主として中年以降に発病し治療は一般に食事療法により行われるインスリン非依存型とに大別され，後者の患者数が圧倒的に多く，近年増加している。この後者の自

インスリン 血液中のグルコース（血糖）が体内の細胞で利用されたり，筋肉や脂肪組織へとりこまれるのを促進する働きがあり，結果的に血糖値を下げるのである。その効果発現には標的細胞の表面にある受容体（インスリン・レセプター）と結合する必要があるが，肥満者ではその受容体が減少しており，そのためインスリン感受性が低下して効果が発現しなくなると考えられている。そして肥満が軽減すると受容体が増加することも，知られている。

覚症状は初期には全身倦怠感，口渇，多食および多尿などを特徴とするが，自覚されない場合もあり，健康診断などで，高血糖（空腹時血糖110mg/dl以下が正常）とか尿糖の出現，またそれらは正常値でも血液中のヘモグロビンA1c（％）の高値（5.6％未満が正常）により，発見されることも少なくない。平成19（2007）年国民健康・栄養調査によれば，「糖尿病が強く疑われる人（ヘモグロビンA1c 6.1％以上）」は男性15.3％，女性7.3％でその推計値は約890万人となり，10年前（1997年）と比べ約1.3倍に増加した。直近の平成26（2014）年国民健康・栄養調査によれば，「糖尿病が強く疑われる人」は男性15.5％，女性9.8％となっている。

　糖尿病の発症は遺伝的素因をもつものに，不適切な生活習慣が加わったときに起こるが，その第一であり悪化への促進因子となるのは肥満である。肥満とは体内の脂肪組織が過剰に増加した状態と定義され，その判定にはBMI（Body Mass Index＝体重kg/[身長m]²）が一般的に用いられ，体脂肪量とも相関するとされる。日本肥満学会では18.5以上25.0未満を正常範囲としており，25以上でかつコレステロール値などの血中脂質の異常もみられる場合は，肥満症と診断される。肥満者の割合は男性では約20年前から増加しており，平成26（2014）年国民健康・栄養調査によると，BMI 25.0以上の者は20歳以上で男性28.7％，女性21.3％となっている。多くの調査によるとBMIが26.0以上になると糖尿病の罹患率が高くなるという結果が得られている。

　そして糖尿病は動脈硬化を促進（コレステロール合成も促進）する大きな要因となるので，発病後5年くらいでそれによるいろいろな合併症がおきてくる。まず神経痛や運動障害を生じる糖尿病性神経症がおき，つぎに眼の網膜の細小血管がおかされる糖尿病性網膜症や白内障，そして腎臓の糸球体の毛細血管がおかされ蛋白尿が出現する糖尿病性腎症で，三大合併症といわれる。これらは症状がでてからでは進行をくい止めることは難しいので，糖尿病と診断されたらすぐに治療にかかることが必要である。さらに心臓や脳の障害としての心筋梗塞や脳卒中がおきやすく，また抵抗力低下により感染症にもかかる率が高くなる。女性では妊娠をきっかけに発症したり，患者が妊娠すると病状が悪化したり流産や死産，また奇形児になる場合もあり，十分な管理が必要である。

　糖尿病の予防と治療のためには，肥満の予防と解消，すなわち摂取エネルギー量を適正にすることが基本であり，その食事療法には日本糖尿病学会編『糖尿病治療のための食品交換表』を利用する方法が広く用いられている。しかしたんに食事内容のみを変えることは，その持続性も含めて難しい。最近では，肥満の原因とみられるライフスタイルを修正していくという行動修正療法と結びつける治療法が注目されている。

　また難消化性多糖類，いわゆる食物繊維が食後血糖の上昇を抑えることがわかった。作用機序の解明は不十分であるが，以下のような仮説が立てられている。すなわち親水性繊維は胃中で膨潤して，他の食物を取り込んだり吸着するので，胃から小腸

ヘモグロビンA1c　ブドウ糖が赤血球中のヘモグロビンと結合したもので，採血時から過去1ヵ月間の平均血糖レベルを反映している。

三大合併症　最近の研究によれば，血糖値が高いと血液中のグルコースかタンパク質と結合（タンパク質の糖化）しやすくなり，種々のタンパク質の本来の機能を果たせなくなるという説や，グルコース代謝の一経路でソルビトールが異常にたまり，それによる細胞機能の低下が起こることが腎臓や目，神経（ソルビトールをつくる酵素が多いところ）が影響を強く受けることにつながるという説が示されている。

への内容物の排出や小腸での栄養素吸収を遅らせるため，血糖上昇を抑えるというわけである。この作用を利用すべく精製食物繊維も市販されているが，その連用によってビタミンやミネラルの吸収障害がおこる危険性もあるので，日常的な食品からの摂取をまず配慮すべきであろう。『日本人の食事摂取基準』（2015年版）では食物繊維の目標量を19〜69歳で，男性20g以上，女性18g以上としている。

またアルコール摂取は治療上避けることが望ましく，『健康日本21（第二次）』では，生活習慣病のリスクを高める飲酒量として，1日平均純アルコールで男性40g，女性20gと設定している（『健康日本21（第二次）』厚生労働省（2013））。肝臓保護のためには週2回連続の禁酒日（休肝日）を設定するような飲み方（市田文弘：肝臓にもっと感謝を，ごま書房（1984））ならば，予防上もさしつかえないと考えられる。

これらと並んで重要なのは運動で，継続することでインスリン抵抗性が改善されたり，内臓脂肪型肥満者の内臓脂肪面積が減少するという報告がある。ただしメタボリックシンドロームの人が運動を開始する場合には，病気の悪化につながる危険もあるので医師の指導のもとに行うことがすすめられる。厚生労働省では「健康づくりのための身体活動基準2013」において，18〜64歳の身体活動量の目標を1週間に23メッツ・時，そのうち4メッツ・時は活発な運動としている。これは，毎日60分の身体活動（歩行またはそれと同等以上）と毎週60分の運動（息が弾み汗をかく程度）を示している。

糖尿病と同様に肥満と関係が深く，近年患者が急増しているのが痛風である。これは高たんぱく質食，アルコール飲料の多量摂取者，そして特に男性に多い疾病である。摂取した食品や体内細胞の核酸に由来するプリン体の代謝産物である尿酸が過剰に蓄積して，血液中の尿酸値が上昇した状態である。この尿酸が関節などで結晶化して激痛を伴う発作（特に足の親指の付け根に多い）がおこるまで気づかないことも多い。

発作や尿酸値のコントロールは薬剤で可能であるが，この病気の裏には他の生活習慣病が同居している場合が多いので，それらに対する食生活管理が重要である。

5.5.5　が　ん

がんは英語でcancerというが星座の蟹座を意味しており，乳がんの外形がカニの甲羅に似ていることから名づけられた。一方漢字では癌と書くが岩を意味し，病巣の外観のゴツゴツした形からつくられた文字だという。どちらもその外観が正常な滑らかさを失っているところに注目しており，この病気の特徴を現わしている。

また学問的には悪性腫瘍ともいわれる。腫瘍とは，はれものやしこりのことであり，細胞が異常に増殖している状態であるが，その増殖方法で二種に分けられている。良性腫瘍では1ヵ所にかたまった状態で増え，その速度も遅いが，悪性腫瘍では周囲の組織のなかに浸潤し，また増えた細胞がちぎれて，さまざまなところへ飛び散り，そこでまた増殖を開始する，すなわち転移がおこるのである。

がんの原因や発生の機序などについては未解明部分が多く，したがって完全な予防

や治療は困難である。しかし多くの研究から解明されてきた発がんの危険因子をなるべく回避し，抑制因子をとりいれることが予防につながると考えられている。発がん原因には遺伝的因子もあるが，多くは環境因子であり，そのなかでも食事と喫煙の寄与率が高いとされている（図5.13）。

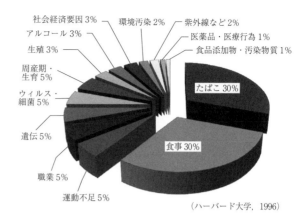

図5.13 人間のがんの原因
出所：新版応用栄養学，116，学文社（2008）

発がんには二段階の過程を経ることが必要と考えられ，第一段階（イニシエーション）では，初発因子（イニシエーター）と呼ばれる物質により細胞内のいくつもの遺伝子に突然変異がおきる。第二段階（プロモーション）では，遺伝子に傷のついた細胞がいわゆるがん細胞に変化し，増殖をしていくのである。第二段階には促進因子（プロモーター）と呼ばれる物質が連続的に作用することが必要であるが，これのみでは発がんせず，また同じイニシエーターでも違ったプロモーターが作用すると，体の違う場所にがんが生じることが動物実験により知られている。そして現在までに判明した発がん物質のなかには，両方の作用をもつものとイニシエーターのみの作用のものとがあり，起源によりつぎのように分類される（ただし，プロモーターをも含めて発がん物質という場合もある）。

突然変異 正常な遺伝子の一部にがん遺伝子および，がん抑制遺伝子と呼ばれる部分があり，それらのいくつかに突然変異による構造変化がおきて活性化されたり，それらの遺伝子の発現調節がくずれることで細胞の分化や増殖の調節が狂ったりして，がん細胞になると考えられている。

ⓐ 天然物（ほとんどは植物成分）：フキノトウ中のペタステニン，ソテツの実中のサイカシン，ワラビ中のプタキロサイドなど。

ⓑ カビ毒：ピーナツやコーンにつく *Aspergillus flavus* の産生する毒素（アフラトキシン B_1）など。

ⓒ 加熱による生成物：たんぱく質食品（焼魚など）の焼けこげた部分に生ずる Trp-P-1，Trp-P-2 など。くん製やタバコの煙中のベンツピレンなど。

ⓓ 体内での生成物：魚肉中の二級アミンと生野菜や漬物に由来する亜硝酸塩が，胃内で反応して生ずるニトロソアミンなど。

ⓔ 化学物質：AF-2（過去に使用された豆腐などの殺菌料），石綿，塩化ビニルモノマー，ダイオキシンなど。

ⓕ その他：放射線など。

発がん性の試験は二段階の実験によりなされる。第一には，ある物質の変異原性（細胞に突然変異をおこすかどうか）を，微生物を用いての細胞遺伝子の突然変異試験（エームス法など）や，動植物の細胞を用いて染色体異常試験などによって調べる。第二に，変異原性が認められた物質について動物実験を行って，実際にがんが発生するかどうかを調べるのである。

このようにして調べた突然変異原性および発がん性には，強弱のあることが判明し

エームス法 サルモネラ菌のうちヒスチジンを合成できないもの（ヒスチジンなしの培地では増殖しない）を用い，無ヒスチジン培地でテスト物質を加えて2日間培養し，増殖した菌のコロニーを数える。テスト物質により菌が突然変異をおこして，ヒスチジンを合成できるようになると増殖がおきる。

ており，食品添加物などの場合は添加物としての有効性との関係で，使用可否の判断をめぐり社会問題化することがある。また近年の研究ではこれらの強弱には，実験動物とヒトによって差がみられる物質も多いことが報告されている（微生物変異原性研究会，2001年6月）。

発がん性への実験的追求とともに疫学的研究によって，食生活における危険因子と予防因子（プロモーターと抗プロモーターになると考えられる）がいくつか判明してきた。胃がんは日本では最も死亡率の高かったがんで（図5.14），世界的にも日本での特徴的がんとされており，原因追及のために多くの調査がなされている。Haenszelらによる日本人（広島・宮城県）とハワイ在住の日系人との比較調査では，ハワイ日系人の胃がん死亡率は，日本人とハワイ白人の中間くらいであるが，過去50年くらいのあいだに減少したことが認められた。つまり日本人に胃がんが多いのは，民族の遺伝的特性よりも環境因子による理由のほうが大きいと考えられた。食生活調査から胃がんの高リスク食品は穀物，漬物および塩魚であり，低リスク食品は果物，生野菜および牛乳であった。近年胃がんは減少傾向にあるが，これは医学の進歩や早期発見への検診率の上昇などが大きく貢献しているとともに，米や塩分摂取の減少（冷蔵庫使用による低塩食品の普及も関与），そして乳製品摂取の増加といった食生活の変化の影響も見逃せない。

一方，大腸がんや乳がんは従来欧米諸国に非常に多く，日本人に少なかったが，近年増加してきている。食生活との関係では，脂肪摂取量が多い国ほどこれらのがんでの死亡率が高く（前掲『循環器疾患・がん・糖尿病の予防と食生活』），動物実験によっ

動物実験 ラット，マウスおよびハムスターのうち二種の動物を用い，雌雄それぞれ50頭ずつでのテスト物質の三段階以上の投与量と無投与群を設け，2年半飼育後（60％以上の動物が生存のこと），全身解剖して肉眼および顕微鏡的にがん発生の有無を調べる。

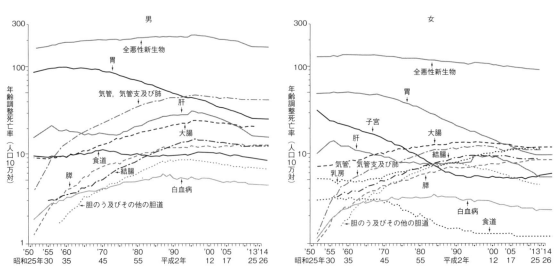

出所：厚生労働省「平成26年人口動態調査」（厚生労働省ホームページより）
注：年齢調整死亡率の基準人口は，昭和60年モデル人口である。
注：「大腸」は，結腸と直腸S状結腸移行部及び直腸を示す。ただし，昭和42年までは直腸肛門部を含む。
注：平成6年以前の「子宮」は，胎盤を含む。
注：「肝及び肝内胆管の悪性新生物」の肝の昭和25，30年は，「胆路及び肝臓」である。

図5.14 部位別にみた悪性新生物の年間調整死亡率（人口10万対）の推移

ても脂肪により発生率が増加することが認められた。日本でも脂肪摂取量が増加してきている現状を考えると，注意する必要があろう。発がん予防因子については実験的研究のほうが多いが，ビタミンC（ニトロソアミンの生成阻止），ビタミンE，ビタミンA，β-カロテン，野菜エキスおよび唾液などに，発がん物質の生成や変異原性を不活性化する作用のあることが報告されている。これらのなかのいくつかは，胃がんの減少要因の成分であり，疫学的調査との一致点もある。前述の発がん物質の多くは活性酸素の発生源となることが知られており，上記の予防因子中のいくつかの効果はその抗酸化作用によるとも考えられている。また食物繊維摂取の多い集団では大腸がんの発生率が低いことが知られ，その理由としては食物繊維により腸のぜん動が促進され，かさの増した糞便とともに発がん物質が早く体外へ排泄されるため，という仮説などが提唱されている。予防因子と考えられる成分を医薬的に多量に摂取する試み（介入試験）もなされたが，必ずしも多量であるほど効果があるとはいえない結果が示されており，緑黄色野菜の摂取増加など，食品としての摂取が望ましいと考えられる。

　食生活と並んで喫煙は，疫学的により多くのがんへの影響が示唆されてきている。タバコの煙中には発がん物質（ベンツピレンなど）が存在するため，煙が直接あたる喉頭，咽頭および肺にがん発生率が高くなることは容易に理解される。他の部位のがんについては，肺から吸収された発がん物質が血液によって体中に運ばれるためと考えられ，それを裏づけるような調査結果も示されている。また非喫煙者でも，家庭や職場でタバコの煙にさらされることの多い人は，そうでない人よりも肺がん死亡率が高いことも報告されている。これらをふまえて，欧米諸国では知識層の喫煙率が減少しており，アメリカでは喫煙率のピークを示した1964年から約20年後に，肺がん発病率が減少しはじめたとの報告がある。

　一方日本では，男性の喫煙率は1965年の80％から漸減している。国民健康・栄養調査で20歳以上の喫煙率をみると，平成16（2004）年には男性43.3％，女性12.0％であったものが，平成26（2014）年では，男性32.2％，女性8.5％と男性の減少傾向が大きい。それでも他の先進諸国に比べて高率であり，さらに喫煙人口が若者に多く，中学・高校生での喫煙経験者のうち習慣化しているものが6割（男子）（読売新聞，2001年5月31日付）という報告もあることは問題であろう。近年肺がん死亡率が急上昇中であり男性ではがん死亡率の第一位であることを考え合わせると，禁煙教育や嫌煙・分煙運動の意義を認める必要があろう。厚生労働省の「健康日本21」計画では，未成年者喫煙率をゼロにする目標を掲げ啓発運動に乗り出し，中・高のみでなく小学校でもタバコの害を指導することや，公共施設などで禁煙場所が増加してきていることなどは，がん予防にとって評価できる。

5.6 老年期

　近年日本人の寿命は大幅に延長し，全人口に占める高齢者の割合が年々増加傾向に

ある。国立社会保障・人口問題研究所の「日本の将来推計人口」（2013年3月推計）によると，1985年に10.2％であった65歳以上の人口が，2000年には17.2％，2010年には23.0％となり，2025年には30.3％になるとされている。この時期でもまたそれ以降でも，健康で活動できるか，あるいは寝たきりになるかは，重要な問題であろう。

老年期には，いわゆる老化現象というさまざまな機能低下が現われてくるが，これは本来65歳から始まるものではなく，加齢に伴って徐々に進行しており，この時期になって表面化してくるのである。その進行度はヒトとして定まっている面と，各個人の環境因子により決まる面とがあるため，個人差が大きく，暦年齢と生理的年齢とは必ずしも一致しない。しかし全体的には恒常性維持機能の衰退をもたらし，予備力（日常には使っていない余分の能力），外界の変化への適応力，細菌感染などへの抵抗力，および病後や傷などの回復力が減退する。これらすべての結末が死，すなわち老衰死であろうが，現実の死因は生活習慣病によるものがほとんどであり，その予防のための食生活が老年期の健康および寿命にとって重要と考えられる。その食生活について前節（5.5壮年期）で述べたとおりであるが，そのような食生活をするにあたって，この時期特有の問題が生じてくる。

5.6.1 低栄養

高齢者は，低栄養に陥りやすい傾向にある。栄養素としてはビタミン類や鉄とカルシウム不足がめだつといわれ，生理的な機能低下のうえにさらに栄養不足による抵抗力低下が重なってくることになり，感染症への危険も懸念される。低栄養の理由には，身体的問題による面と生活上の問題からくる面とがあり，両面が複雑にからみあっていると考えられる。

身体的問題では，まず生理的そして疾病による消化・吸収および代謝機能低下のために，栄養素を摂取しても体内にとり入れられない場合である。つぎに口腔に問題（脱歯，義歯歯周病など）があって，咀しゃく機能が低下したり味覚や臭覚が鈍化するため食欲が低下したりで，食事量が少ない場合である。歯の喪失は40歳以降急増し，75歳ではほとんどすべてを失い義歯となることが多い。そして老年期の抜歯原因は虫歯によるよりも，歯周病によるものが多い。これは歯垢や歯石の沈着が主因なので，若い頃から口腔の清浄に努力し，食物もあまり柔らかいものばかりではないほうが良いといわれる。厚生労働省では1991年から「８０２０運動」（ハチマル・ニイマル）と称して80歳でも自分の歯を20本残そうというキャンペーンを展開して予防を呼びかけている。第三には薬剤の長期使用により，食欲や消化吸収力などへの副作用がでてくる場合である。これらの解決には，その疾病の治療や薬の選択などが必要となるであろう。

生活上の問題では，まず食事への対応として，一般的には好きなものだけ食べて余生を楽しく過ごしたいという願望が心底にあるので，体にとっては良い食品と理解しても嫌いなものは摂取しない傾向にあることである。特に年齢がすすむにつれて，強くなるようである。つぎにひとり暮らしで食事の準備が面倒だったり，気ままに食べ

たりで偏食傾向になることである。また家族などと同居していても、好みに合わない食事（味付け、調理方法、硬さなど）だと摂取量が少なくなる。以上三点については、家族や施設などの周囲の者が、本人の意向も尊重しながら、食事への理解を深めさせるよう努力していくことが望ましい。一方、身体的に不自由であるのに介護者がいないため、食べやすいものだけを少量しか摂取できない場合や、精神障害（食欲不振、逆に食物以外でも口にする場合など）、そして経済上の不安があって安価なものや少量で我慢する例などもある。これらは、高齢者の増加が予測される今日、社会的にも解決の道をさぐるべき問題を含んでいるように思われる。

5.6.2 骨粗鬆症

高齢者特有であり、特に女性の閉経後に急増する疾病で、骨の体積に対して骨の重量が減少して、骨が堅さと弾力性を失い、もろくなってくるために転倒したときに骨折しやすくなるものである。原因は明確になってはいないが、第一にカルシウム（Ca）との関係が指摘されている。Caは腸からの吸収に際して体への適応性の高いミネラルで、高Ca食時よりも低Ca食時のほうが吸収率は高いことが認められているが、高齢者ではその適応が十分にはなされず、また吸収量も加齢に伴い減少するようである。さらに患者ではそれが健常人より低下しているという報告もある。一方Caの吸収と利用にはビタミンDが関与するが、患者ではその活性型（1,25-ジヒドロキシビタミンD_3）の生成障害も認められている。また、リンの過剰摂取はCaの吸収を妨げることや、タンパク質およびナトリウム（Na）の過剰摂取は尿中へのCa排泄が多くなることも知られている。

第二にはホルモンとの関係があげられる。血液中のCa濃度を維持する作用をもつ副甲状腺ホルモンは加齢とともに増加するが、食事からのCa吸収減少を補うために骨からの溶出を促すためと考えられる。女性ホルモンの一種であるエストロゲンは、骨の強さを保つ働きがあるが、閉経後の女性ではその分泌が少なくなるので、その時期から急に患者が増えると考えられている。また患者では骨の溶出を抑える作用をもつカルチトニンの分泌不足もみられる。さらに第三に運動（重力）の影響も示唆されている。すなわち、同様な骨の異常（骨濃度減少）は若年者においても生じ（骨萎縮）、寝たきりの状態がつづいたときや宇宙飛行士の飛行中に観察された。これらは再び動き出したり地球に帰還すると、もとにもどることも知られており、老齢化に伴い運動量が減少することも一因のようである。太もも付け根の骨折者と非骨折者の調査（朝日新聞、1997年2月3日付）で、ベッドで寝る人は布団より約2倍骨折しやすいという結果からは、和風生活では下半身がわずかずつでも鍛えられたと推察されている。

治療は骨の減少を食い止めることを目的として行われるが、完全治癒は困難であるので予防が大切である。最大の予防は、20歳から30歳代でピークになる最大骨塩量（ピークボーンマス、図5.15）をできるだけ高い位置にしておくことである。それには食事への注意（Caと、ビタミンDの十分な摂取または日光に当たり、さらにリン、たん

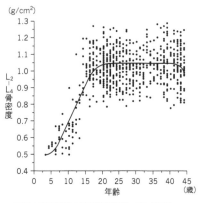

出所：清野佳紀：母子保健情報, **32** (1985)

図 5.15 日本人女性の骨量

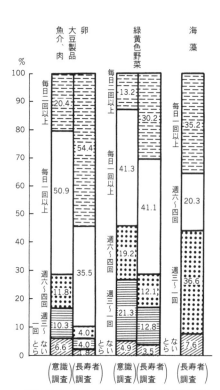

出所：健康・体力づくり事業財団「長寿者保健栄養調査」1981,「健康づくりに関する意識調査」1980（苫米地孝之助：食料・栄養・健康, 医歯薬出版 (1982) より）

図 5.16 長寿者の食事内容

ぱく質そして Na をとりすぎないこと，また骨の形成を促すビタミン K の摂取）とともに，適度な運動（1 万歩程度の歩行など）を 50 歳くらいから継続して行うことが必要である。1996 年厚生省の「骨粗しょう症予防と治療に関する研究班」は WHO との共同研究から，「日本茶を何杯も飲み，魚をよく食べ，ベッドでなく布団で寝る人の方が大たい骨頸部の骨折が少ない」と発表した。

5.6.3 長　寿

動物としてのヒトの最大限寿命は，疾病などの危険が回避できたとすると 110〜130 歳と考えられるが，実際には日本人では 110 歳が最高年齢であるとされている（松崎俊久，日本医学会総会発表, 1987）。100 歳以上の老人は平均寿命の長い先進国で人口 10 万人につき 1〜2 人存在し，日本では 1995 年調査では 6,378 人，2000 年は 13,036 人に，2015 年には 61,568 人で急増している。

長寿の要因はいろいろと調べられてはいるが，対照となる人たちがすでに死亡していることや，古い記憶を辿ることになるなどのため，不完全な調査であることは否めない。しかし参考になると思われる点もあるので，以下にあげてみる。

アメリカの調査では，遺伝的要因（長寿の家系），栄養状態（多食ではない），労働（よく働く），そして心理的要因（楽天主義）が示された（熊原雄一ら：臨床栄養, **66** (3) (1995)）。

日本では遺伝的要因のほかに本人が中年以降に心掛けたこととして，第一に物事にこだわらない，第二に規則正しい生活，第三に睡眠と休養，そして第四に食事に注意するとなっていた（鈴木正成：食の科学, **92** (1985)）。食事については第四位ではあるが，「長寿者保健栄養調査報告書」（健康・体力づくり事業財団　1982 年）によると，魚介，肉，卵や大豆製品を毎日摂取，野菜と海藻は常食，油は毎日少量ずつ，そして牛乳の摂取（約半数は毎日摂取）などの特徴が認められた。1980 年に 20 歳以上の男女を対象になされた「健康づくりに関する意識調査」の結果と比較すると，長寿者のほうが良い栄養状態にあると推察された（図 5.16）。

【参考文献】

食糧栄養調査会編：食料・栄養・健康，医歯薬出版（1981〜1995）

恩賜財団母子愛育会編集・発行，厚生省児童家庭局母子衛生課監修：母子保健情報，10「栄養と食生活」(1985)，32「若い女性の健康と食生活」(1995)

臨床栄養，66(3)「老年者の病気と食事管理」医歯薬出版（1985）

農政調査委員会編集：食の科学，99「子どもの食事と健康」光琳（1986）

浜田茂幸：歯の健康と食生活，第一出版（1986）

内山喜久雄・筒井末春・上里一郎監修：食行動異常，同朋舎（1989）

臨床栄養，76(6)「現代人の食行動の変化を探る」医歯薬出版（1990）

厚生統計協会：国民衛生の動向，厚生統計協会（2009）

吉田勉・布施眞里子・篠田粧子：新版応用栄養学［改訂版］学文社（2010）

臨床栄養，108(5) 臨時増刊「メタボリックシンドローム」医歯薬出版（2006）

厚生労働省健康局総務課生活習慣病対策室：平成17年国民健康・栄養調査結果の概要

厚生労働省健康局総務課生活習慣病対策室：平成19年国民健康・栄養調査結果の概要

厚生労働省健康局総務課生活習慣病対策室：平成25年国民健康・栄養調査結果の概要

厚生労働省健康局総務課生活習慣病対策室：平成26年国民健康・栄養調査結果の概要

文部科学省：平成26年度学校給食等実施状況等調査結果の概要

独立行政法人日本スポーツ振興センター：平成22年度　児童生徒の食事状況等調査報告書

文部科学省：平成26年度学校給食実施状況等調査

6 安全面からみた食生活 —量的問題—

6.1 世界の食料資源
6.1.1 先進国と開発途上国の栄養問題

現在先進国では，肥満，糖尿病，動脈硬化症など，主としてエネルギーや動物性脂肪の過剰摂取に起因する各種の生活習慣病の対策に頭を痛めている（5章5.5参照）。健康上または美容上の理由で，一般の人びとも，食べ過ぎないように注意したり，運動することによって消費エネルギーを増加させたりして，肥満防止に関心をもつようになってきた。ダイエット食品を摂り，ジョギングやエアロビクスなどの運動をすることがファッションになった感すらある。

また食料の無駄も多い。たとえば，2013年度の国民一人一日当たりの供給熱量*は2,424 kcal（農林水産省：食料需給表）で，摂取熱量（エネルギー）の1,887 kcal（国民栄養調査の結果）と差が約22%ある。供給熱量と摂取熱量の両統計数値の算出法の差に由来する誤差分がいくらかあるであろうが，この差は小さくないとは言えないものである。しかも，この差は近年ますます大きくなってきている。たとえば，1975年には差は約13%であった（供給熱量および摂取熱量はそれぞれ，2,518および2,188 kcalであった）。

アメリカ人の場合，一人一日当たりの供給熱量は3,639 kcal（2011〜13年の国民全体の平均値。FAO：フード・バランス・シート）で，摂取量は2,138 kcal（2007〜08年の20歳以上の成人の平均値．J. D. Wright and C-Y, Wang, 2010）であるので，供給熱量と摂取熱量の差は約1,500 kcalになっている。他の先進国も日本と比べて供給熱量がかなり高く（表6.1），似たような状況である（コラム「世界の食料ロス」参照）。

* 『食料需給表』による供給量は，実際に消費者に到達した量であって，家庭などに入ってからの廃棄量などは考慮されていない。農林水産省の食品ロス統計によると，家庭における消費段階における食品ロス率（2014年度調査）は3.7%で，その内容は廃棄（過剰除去や直接廃棄）2.7%，食べ残し1.0%，であった。また，外食産業での食べ残し（飲料類を除く）の割合（2009年度調査）は食堂・レストラン3.2%，結婚披露宴13.7%，宴会10.7%，宿泊14.8%であった。ただし，外食産業の場合，厨房内での廃棄および製造加工段階の原材料の廃棄などが含まれていない。

一方，開発途上国のなかでは，エチオピア，マダガスカル，およびチャドなど，サハラ砂漠以南のアフリカ諸国と北朝鮮の供給熱量が低

表6.1 地域別一人一日当たり食事供給熱量 （2011年）

地域・国名*1	kcal*2
世　界	2,870 (508)
アフリカ	2,618 (220)
エジプト	3,557 (336)
アルジェリア	3,217 (387)
エチオピア	2,103 (126)
マダガスカル	2,085 (155)
チャド	2,062 (124)
東アジア	3,043 (669)
中　国*3	3,081 (690)
韓　国	3,329 (554)
日　本	2,719 (553)
北朝鮮	2,100 (128)
南アジア	2,473 (253)
インド	2,455 (232)
北アメリカ	3,617 (987)
南アメリカ	3,037 (704)
ヨーロッパ	3,372 (925)

*1 すべての地域は網羅されていない。
*2 カッコ内は動物由来kcal
*3 中国本土
*4 アルコールを含む等の理由で，農水省の「食料需給表」の値より高い
出所：FAOSTAT

> **コラム　世界の食料ロス**
>
> 　世界全体で人の消費向けに生産された食料のおおよそ3分の1，量にして年約13億トンが失われている。しかし当然，そのような食料ロスの割合は国や地域による差がある。世界で最も豊かな地域であるヨーロッパと北アメリカ・オセアニアにおける一人当たりの食料ロスは280〜300 kg/年である。一方，世界で最も貧しい地域であるサハラ以南アフリカと南・東南アジアでは，120〜170 kg/年である。この差は大きいが，ロスが発生する場も大きく異なる。
>
> 　食料は，フードサプライチェーン，すなわち，農業生産，収穫後の取扱い・貯蔵，加工・包装，流通・小売りおよび消費の各過程で失われ，あるいは捨てられるが，どの段階がもっとも問題なのであろうか。FAOの報告書「世界の食料ロスと食料廃棄」(2011年) は以下のように論じている。
>
> 　中・高所得国（先進国に中国を加えた諸国）では，サプライチェーンの早い段階（農業生産や収穫後の取扱い・貯蔵の段階）でも食料ロスが発生するが，消費の段階で最も多く発生する。一方，低所得国では，インフラの未整備（貧弱な貯蔵施設など）や低い収穫技術などのため，食料は農業生産から流通・小売りの各段階で失われることが多く，消費段階で捨てられる量はごく少ない。一人当たりの消費段階での食料廃棄量を推定したところ，ヨーロッパと北アメリカでは95〜115 kg/年であったが，サハラ以南アフリカや南・東南アジアではたった6〜11 kg/年であった。
>
> 　中・高所得国における消費段階以外の食料ロスの原因は，主としてサプライチェーンにおける各アクター間の協調の欠如と消費者の習慣にある。農家と仲買人の売買契約が，農作物の廃棄量に深く関わっていることもある。食料は形状あるいは外見が完全でない食品を拒絶するような品質基準のせいで捨てられることがある。消費者段階では，食料を捨てる余裕のある消費者の配慮に欠ける態度に，不十分な購入計画や'賞味期限'切れが相まって，大量廃棄の原因となっている。

い（表6.1）。他の地域でも，アフガニスタンおよびハイチの供給熱量は2,100 kcal前後であり低い。しかし，供給熱量がこれらの国ぐにと同等もしくはより低いことが推定されているのが，そもそもFAOによるデータがないシリア，ソマリア，コンゴ民主共和国などである。以上の国ぐにの多くは人口急増地帯であるうえに，干ばつ・過放牧による農地の荒廃や内戦の影響を受けている。これらの値は平均値にすぎず，国内に個人差があることを考えると，最下層の人びとの摂取量はきわめて不十分なものと推測される。これらの国ぐにには貧困ゆえに輸入も十分でなく，輸入必要量の多くを援助に頼っている。

　FAO（国連食糧農業機関）は，一人一日当たりの摂取熱量の平均値（摂取熱量のデータがほとんどないので供給熱量の平均値と等しいものとしている）とその分布から，摂取量が基礎代謝量の1.55倍未満である摂取熱量不足人口は，2010〜12年の時点で，8億2,100万人にも達していると推定している（基礎代謝量は体格・年齢・性別などにより異なるが，たとえば，平均的な日本人は1,350 kcal（男性は1,500 kcal，女性は1,200 kcal）ぐらいである）。

　地域別にみると，アフリカが最も深刻で，住民の20.7％が摂取熱量不足である。特にザンビア，チャド，およびナミビアでは，それぞれ，50.3％，40.1％，および39.4％である。他地域では，ハイチと北朝鮮が，それぞれ49.3％，および42.0％と図抜けて比率が高い。ただし，全世界的には改善のきざしはあり，2014〜16年の時点では7億9,500万人に減少すると予想されている。

熱量欠乏症で最も問題になるのが，全身がやせ衰えるマラスムス（Marasmus）で，離乳期以降の乳児に多発している。さらに，開発途上国では，穀類やいも類が中心の食事で，タンパク質，特に動物性タンパク質の不足もはなはだしく，たとえば，エチオピア，北朝鮮，マダガスカル，およびチャドでは，2011年の動物性タンパク質の一人一日当たりの供給量は，8～10 gにすぎない。ちなみに世界平均，アメリカ，および日本では，それぞれ，32 g，71 g，および49 gである。したがって，浮腫，皮膚の剥脱などを伴うクワシオコール（Kwashiorkor）と呼ばれるタンパク質欠乏症が，やはり離乳期以後の幼児に多い。

以上のようなマラスムスやクワシオコールなどの低栄養障害により，各種の伝染性疾患にかかりやすく，開発途上国の乳幼児死亡率は先進国と比べて異常に高い。たとえば，2013年度の出生1000人当たりの1歳未満児の死亡数は日本では2であるが，シエラレオネ，アンゴラ，中央アフリカ共和国，ソマリア，チャドおよびコンゴ民主共和国では，それぞれ107，102，96，90，89および86（WHO：世界健康統計2015）である。

WHO：World Health Organization

このように現在，世界の一方では飽食と食料の浪費があり，他方では飢えと栄養不良がある。

6.1.2　世界の食料生産および貿易の現状

表6.2からもわかるように，一人当たり生産量が世界平均より多く，穀物輸出余力がある地域は北アメリカ，オセアニア，ヨーロッパおよび南アメリカである。特にアメリカでは大量に輸出に回した後も，さらに莫大な過剰農産物が生じがちである。世界の主要農産物輸出に占めるアメリカのシェアは群を抜いている。たとえば，2012年度の輸出量およびシェアは，小麦では2,577万tで15.7％，トウモロコシでは3,153万tで26.2％，大豆では4,386万tで45.3％であった。

アメリカ以外では，小麦の場合には，オーストラリア，カナダ，フランスおよびロシア（2,354万t，1,787万t，1,647万t，1,609万t）が，トウモロコシの場合にはブラジルおよびアルゼンチン（1,980万t，1,786万t）が，大豆の場合にはブラジルおよびアルゼンチン（3,247万t，616万t）が，それぞれ大輸出国である。生産量に比べて貿易量が

表6.2　世界の地域別穀物生産量および貿易量

（2012年）

地域名	穀物生産量 (100万t)	人口 (100万人)	1人当たり 穀物生産量 (kg)	輸入量 (100万t)	輸出量 (100万t)
世界	2,563	7,098	361	376	384
アフリカ	169	1,099	154	75	4
アジア	1,315	4,260	309	160	59
中国*	541	1,355	399	14	1
日本	12	127	92	25	0
インド	293	1,264	232	0	20
北アメリカ	409	350	1,168	9	86
中央アメリカ・カリブ諸国	41	208	198	27	2
南アメリカ	164	406	403	28	68
ブラジル	90	202	444	9	23
ヨーロッパ	421	737	571	76	135
オセアニア	45	38	1,185	2	31

＊中国本土
出所：FAOSTAT

少ない米は，インド，ベトナム，およびタイ（1,047万 t，802万 t，670万 t）が大輸出国である（以上いずれも，2012年度の値）。

一方，穀物の輸入は絶対量では表6.3でみるように，日本，エジプト，メキシコが上位になっている。大豆では中国の輸入量がきわめて大きく，世界の輸入量の約6割を占めている。一人当たり純輸入量でみると，表6.4のようになり，日本，韓国およびオランダは砂漠国とともに上位にあることがわかる。

穀物貿易に関して世界全体についていえることは，純輸出国（輸出量＞輸入量）がきわめて少数の国に限られているのに対して，純輸入国（輸出量＜輸入量）は多数あり，そのうち大部分がアフリカ，東アジア，中東，中央アメリカ・カリブ諸国である（表6.2および表6.4）。近年の人口増加や生活水準の向上からくる食料の消費増加および肉食化による飼料の消費増加に対して，国内の生産増加では追いつけない国が多いわけである。

表6.3 主要農産物輸入国
(2012年)

全穀物(10万t)		小麦(10万t)		トウモロコシ(10万t)		大豆(10万t)	
日　　本	245	エジプト	144	日　　本	149	中　国*	584
エジプト	177	ブラジル	66	メキシコ	95	メキシコ	35
メキシコ	169	アルジェリア	64	韓　　国	82	ドイツ	35
韓　　国	143	インドネシア	63	スペイン	61	スペイン	33
中　国*	140	イタリア	61	エジプト	61	オランダ	28
イラン	127	日　　本	60	中　国*	52	日　　本	27

*中国本土
出所：FAOSTAT

表6.4 一人当たりの穀物純輸入量の多い国
(2012年)

国	純輸入量(万t)	人口(10万人)	1人当たり純輸入量(kg)
オランダ	933	167	557
サウジアラビア	1,384	295	469
イスラエル	338	77	440
リビア	276	63	440
韓　　国	1,426	496	288
エジプト	1,750	857	204
日　　本	2,423	1,271	191
レバノン	93	49	189
イラン	1,261	762	166

出所：FAOSTAT

しかし，日本を始めとする先進国や開発途上国のなかでも産油国は，国土の割に人口が多い，あるいは砂漠が多くて耕地が少ないなどの理由で農業生産力が不足しても，経済力があるので輸入により賄える*。しかし，特にサハラ以南アフリカ諸国や北朝鮮では貧困ゆえに輸入が十分にできない。その結果，表6.1で示したような低エネルギー供給に甘んじなければならなくなり，国内の下層の人びとはたびたび緊急食料援助というかたちの施しでしか飢えをしのぐことができないでいる。ところで食料を買えないなら自給すれば良いと考えられるが，豊かな土地は外貨稼ぎのために，砂糖，大豆などの油糧種子，コーヒー，ココア，茶，タバコ，綿花，ゴム，バナナおよび柑橘類などの輸出用作物の栽培に用いられている国が多いのである。なお，ヨーロッパ各国は近年自給率を高め，各種食料の輸出国も多い（6.1.4参照）。

以上をまとめていえば，主に北アメリカや，ヨーロッパそしてオセアニアの先進国で生産された穀物が，日本，韓国，オランダの先進国，およびアジア，アフリカ，中央アメリカ・カリブ諸国の開発途上国に輸出され，日本，韓国およびオランダではそのうちかなりが飼料用として，その他の開発途上国では主に食料として用いられる。大豆に関しては，近年中国がアメリカやブラジルから大量輸入を始めた状況下にある。そして，一方にはアメリカなどのように大量の穀物在庫を抱えている場合がほぼ

常態である国が存在し，また，他方には人びとが飢餓線上で苦しんでいるにもかかわらず，貧しいため食料を十分に輸入できず，したがって，時に緊急食料援助に頼らざるを得ない多数の小国が存在している，というのが現状である。

海外に多量の穀物を依存せざるを得ないが経済力はある国の中には，国として又はその国の企業が海外農業投資を行い，農地を大規模に購入し始めている国々（中国，イスラエル，韓国，アラブ首長国連邦など）もあり，しばしばそのような行為は，ランドグラブ，ないしランドラッシュ（土地収奪）と称されることがあるように，現地でさまざまな軋轢を引き起こしている（国としては余裕のあるアメリカおよびイギリスも購入している）。購入の対象国はコンゴ民主共和国，スーダン，およびタンザニアなど貧困なアフリカ諸国に多いが，インドネシア，フィリピン，オーストラリア，ブラジル，ウクライナなども含まれている（M. C. Rulli et al. 2013）。

6.1.3 世界の食料貿易交渉

(1) ウルグアイ・ラウンドの終結と世界貿易機関（WTO*）の設立

WTO World Trade Organization

各国の非関税障壁を撤廃することを目的としたガットのウルグアイ・ラウンド（多角的貿易交渉）は，1986年9月に始まり，農業を含む15部門について交渉が行われ，1993年12月に合意に達した。各国は1995年4月から2000年までの6年間にこれを実施することとなった。その内容は，①すべての非関税措置を関税に転換（包括的関税化）し，一般関税とともに削減すること，②価格支持や補助金などの国内支持のうち，一定の政策を除き20%（1986〜88年比）削減すること，③輸出補助金は金額で36%，対象数量で21%（いずれも，1986〜90年比）削減することなどであった*。

ラウンド開始の背景には，当時，過剰の農産物在庫を抱えていたアメリカとEC（当時）との間での，激烈な補助金付農産物輸出競争があった。この補助金付輸出奨励政策は，もともと深刻であった政府の赤字を増大させるものであった。そこでアメリカはケアンズグループ（補助金なし輸出国のグループで，オーストラリア，カナダ，アルゼンチンなどから成る）とともに，補助金なしでも輸出しやすくなる環境づくりを目指して，ガット交渉をリードしたわけである。アメリカ，EU（旧EC），日本が譲歩したことで，7年以上にわたる交渉がようやく前記のように決着し，ガットは発展的に解消され，1995年1月に設立された世界貿易機関（WTO）に引き継がれた。締約国団の協定にすぎなかったガットとは異なり，WTOは正規の国際貿易機関であり，以後は貿易にからむ紛争処理などはWTOにおいてなされることとなった。

EU European Union

EC European Community

*上記に加えて，輸入がほとんど行われていない品目については，「ミニマムアクセス機会」（最低輸入機会）を設定することになり，わが国の場合，米にこれが適用されることになった（ミニマムアクセス米）。2000年度以降は毎年約77万トン（玄米）がアメリカ，タイ，中国から輸入されている。ただしこの枠による輸入は義務づけられているわけではないので，米余りの国が外国から輸入するのは不合理であり，執行を留保すべきという意見がある。

ドーハ・ラウンド 2001年にカタールのドーハで交渉が開始されたことから，ドーハ・ラウンドと呼ばれている。

(2) WTO農業交渉およびTPP交渉の状況

2001年，WTOドーハ・ラウンドが開始され，農業，鉱工業，サービスの自由化，

アンチダンピング等のルールの策定，強化等を含む包括的な貿易交渉が始まった。このうち，農業分野では，関税・国内補助金の削減，輸出補助金の撤廃等について交渉が行われ*1，2004年7月末には交渉の大枠となる「枠組み合意」が成立した。その後，関税削減等の方式を決めるモダリティ（関税削減率など，具体的な数値や詳細な要件などが入った各国共通ルール）交渉が行われ，2007年7月以降，議長が提示したテキストに基づく議論が続けられたがまとまらず*2，部分合意等により打開の道を探ることとされた。以後，交渉の行方が不透明になり，世界的にEPA（経済連携協定）/FTA（自由貿易協定）網が拡大を続けるようになったが，近年は農業交渉の主な舞台は，わが国ではTPP（Trans-Pacific Partnership：環太平洋戦略的経済連携協定）交渉に移された。

> EPA Economic Partnership Agreement
> FTA Free Trade Agreement

2015年10月に，TPP協定が大筋合意*3されたが，参加各国の承認が得られるかどうかは不確実である。

> FTA FTAは物品の関税やサービス貿易の障壁等を削減・撤廃することを目的として特定国・地域の間で締結される協定で，EPAはFTAの内容に加え，投資ルールや知的財産の保護等も盛り込み，より幅広い経済関係の強化を目指す協定である。

* *1 わが国は，当初から一貫して「多様な農業の共存」を主張してきた。その内容は以下の5点に要約される。①農業の多面的機能への配慮（6.3.2参照），②各国の社会の基盤となる食料安全保障の確保，③農産物輸出国と輸入国に適用されるルールの不均衡の是正，④開発途上国への配慮，⑤消費者・市民社会の関心への配慮。
  WTO農業協定の前文にも，「食料安全保障，環境保護の必要その他の非貿易的関心事項（自由貿易だけで解決できない事項）に配慮」すると明記されている。
* *2 アメリカと新興国が対立した。アメリカは，「新興国はその経済規模に見合った責任を負うべき」，「今のモダリティ案では新興国市場から何が得られるか不明確（鉱工業品・農業・サービス）」などと主張する一方，新興国は，「自分達は途上国であり，各種の柔軟性が認められるべき」，「アメリカがさらに求めるなら，バランス上先進国は農業の補助金をさらに削減するべき」などと主張した。
* *3 農林水産物全体の8割以上の関税撤廃を含む，わが国農業にとってはきびしいものである。その内容は，米では無関税の特別輸入枠（アメリカ向け7万t，オーストラリア向け8,400t）を新設すること，また麦（小麦・大麦）ではマークアップ（政府が輸入する際に徴収している差益）を45%削減（9年目までに）することなどである。

6.1.4 世界主要国の食料政策・食料事情

(1) アメリカ

「世界のパン籠」と呼ばれ，農産物大輸出国かつ政治大国であるアメリカの食料政策は，世界の食料の生産や貿易に大きな影響を与える。アメリカは過剰な食料生産能力をもち，農産物輸出振興を国是としているといってよい。とくに1973年以来，主要農産物に**二重価格**を導入し，輸出しやすくした。これにより，小麦，トウモロコシおよび大豆などの生産量および輸出量は急増し，永年の悩みであった過剰在庫も解消できた。しかし，輸出量は1981年がピークで，その後は減少し，86年にはピーク時の約3分の2（穀物換算した全農産物量で）にまで減少してしまった。輸出量減少の理由は，カナダやオーストラリアなどの以前からの輸出国との競争が激化したこと，1980年の対ソ連穀物禁輸が災いして世界の穀物貿易の流れがアメリカ離れを起こし

> 二重価格 不足払い制度とも言う。作物の市場価格が政府の定める目標価格を下回った場合，その差額が支給される仕組み

たこと，今まで輸入国であった国がほぼ自給するようになったり（中国・インドの小麦，インドネシア・韓国の米など），輸出国に転じたり（旧ECの小麦，家禽肉，卵および牛肉など）したこと，ブラジル，アルゼンチンおよびメキシコなどの中南米諸国が，債務の増大を防ぐために輸入を大幅に減らしたことなどがあげられる。輸出量減少の結果，穀物の在庫量が空前のものとなった。たとえば，1986/87年度でいえば，世界の穀物の期末在庫率は35.8％で，そのうち半分をアメリカ一国が有していた。

そこでアメリカは1985年以降，減反の強化を行いつつさまざまな輸出補助をするようになった。その結果，アメリカの輸出量は増加しはじめ，旧ECなどとの小麦や，タイなどとの米の輸出競争はよりいっそう激しくなった。そこで6.1.3(1)で述べたように，農産物貿易がガット交渉の重要テーマとなったわけである。1996年には「農業改善・改革法」＊が制定されたが，これは穀物在庫の減少などによる穀物相場の高値とWTO体制とを背景に，財政負担を軽減しながら，よりいっそう市場志向（輸出主導型）なものになった。

その後，アメリカ農業法は2度の改訂を経てきたが，2013年までは，以前から引き続き，各種の農業保護政策，すなわち，穀物等を担保として農業者への短期融資を行う価格支持融資，過去の作付面積等に基づき固定額を支払う直接固定支払い，市場価格が目標価格を下回った場合に差額を補填する価格変動対応型支払等の価格・所得政策などが実施されてきた。

しかし，アメリカ農業は2007年以降，高価格・高所得の好況状態を続けてきており，2013年の農業所得は史上空前となったこともあり，2014年からは，収入・価格の変動に対応するための新たなセーフティネット（当年収入が保障収入を下回った場合に，差額の一部を補填する農業リスク補償等）が導入される一方，直接固定支払いや価格変動対応型支払いは廃止されることとなった（2014年農業法）。近年の高価格・高所得持続の背景には，アメリカのバイオエタノール政策があると言われている（コラム「アメリカのバイオエタノール政策」参照）。

＊不足払い制度を廃止し，その代わりに所得補償のための農家直接支払制度を導入した。WTO協定は生産を刺激する補助金は削減の対象としているが，生産に関連しない収入支持，環境施策に関連するもの，条件不利地域援助等の条件に一致するものは，対象外となっている。以前の"不足払い"は，生産量に応じて支払われ，生産刺激的であった――言い換えると，自由市場を歪ませる効果があった――が，この直接支払いは，実際の生産量とは関係なく，一定の固定した額でなされるので，農家の所得補償にはなっても，生産刺激的ではないという理由である。

(2) EU

EC時代に域内で共通農業政策を有し，輸入に対する課徴金や輸出に対する補助金などを出し，農業を手厚く保護してきた。たとえば，国際価格よりも数倍高い支持価格（境界価格）を設け，その差の課徴金を欧州農業指導保証基金の財源の一部として用いてきた。たとえば，バターや脱脂粉乳は約4倍にもなっていた＊。

> **コラム　アメリカのバイオエタノール政策**
>
> 　1980年代後半から，米国ではとうもろこしは需要に比べて過大な生産力を有してきたため，供給過多により価格が低下し，農家の所得を補填するためのプログラム等に多額の財政負担を要したのみならず，手厚い保護を受ける農家に対する国民の反発を招いていた。また，2001年に起きた同時多発テロ事件と，それまでの石油供給をめぐる国際的な混乱を受け，米国議会は農家補填プログラム用の費用および石油依存から脱却するための代替的手段の研究を開始した。
> 　その時注目されたのが，とうもろこし由来のエタノール燃料の生産である。米国環境庁（EPA）は，ガソリン供給におけるエタノール燃料の一定量の使用を義務づける「再生可能燃料基準」を制定することで，石油輸入依存脱却を目指した。この「再生可能燃料基準」には年々のエタノール混合義務規定量を増加することとされており，また，「2007年エネルギー自立・安全保障法」では，2022年までには米国の燃料供給に360億ガロンのバイオ燃料の含有を義務づけることを定められた。こうした制度により，結果的にとうもろこしのバイオ燃料仕向け量が増加し，エタノール仕向け量の増加に伴う価格の回復による農家の所得の下支え，さらには過剰供給の解消により政府農業プログラム費用の減少という重要な影響をもたらしたといわれている。その「再生可能燃料基準」制定により，バイオエタノール産業は急速に成長した
> 　米国再生可能燃料協会によると，2004年に34億400万ガロンであった米国エタノール生産量は2014年には143億4千万ガロンと，4倍以上に拡大している。これによりエタノール生産としてのとうもろこし需要は，2004/2005年度には全体の1割以下であったが2014/2015年度では全体の約4割を占めるほどになった。
> 　しかし，燃料需要の減少やシェールオイルの生産増による石油需給の緩みからバイオエタノールの需要は弱く，価格がガソリン価格に伴い下落し採算が悪化していることや，エタノールの在庫量が高水準となっていることもあり，米国はバイオエタノール政策自体の見直しを迫られている。
> 　　　　　　　　　　　　　　　　　　　　　　　　（「海外食料需給レポート2015年4月」より）

　ECのこの共通農業政策によりアメリカの対EC農産物輸出が阻害されたとして，アメリカはEC批判を行ってきた。しかしこの制度により，域内の農産物価格は高く維持され，消費者には負担が大きくなったが，農産物生産は増加し，輸入抑制のみならず，輸出補助金も得て，乳製品，家禽肉，小麦，砂糖，牛肉の輸出力が増大した。なかでも，穀物や家禽肉についてはアメリカの輸出先を，また牛肉や酪農品についてはオーストラリア，アルゼンチン，ニュージーランドの輸出先を，それぞれ侵食する事態に至った（6.1.3参照）。

　しかし，EUは1993/94年度から，農産物に対する支持価格の引き下げとそれに伴う農家直接支払制度（直接所得補償）の導入および作付け制限などを内容とした共通農業政策の改革の実施に入り，これにより財政支出の重点は価格支持から所得支持に移った（これは，上述のアメリカの「農業改善・改革法」と同方向の改変である）。

　その後，EU共通農業政策は数度の改革を経て，現在（2014〜20年）では，農業者の所得を支えるための価格・所得政策（主に直接支払い），および農業部門の構造改革や農業環境対策を実施する農村振興政策という二本の柱で構成されている。なお，直接支払いのうちの3割は，気候と環境に有益な措置の実施が受給要件とされ（グリーニング支払いという），環境重視の姿勢が前面に出たものとなっている。

　＊旧ECのこの共通農業政策がいかに効果的であったかは，1973年から旧ECに加盟したイギリスが，農産物自給率の飛躍的向上および小麦や大麦の輸出国への転換を遂げたこ

とからもわかる。穀物生産高は1970～72年平均で1,458万tであったが，1,948万t（1980年），2,653万t（1984年）と着実に伸び，なかでも小麦については，このわずか12年程度で，461万tから1,496万tへと3.2倍の伸びで，82年からは新たに純輸出国となった。イギリスはかつて世界有数の穀物，畜産物，その他の農産物の大輸入国であった。イギリスはもともと耕地，樹園地，牧場および牧草地など農業に利用できる土地が広大で，日本の3倍以上の1,814万ha（1986年）もあり，しかも技術水準が高く，大規模経営でもあるので，増産の基盤はあったのである。

(3) 中　国

世界人口の2割弱，13億6,800万人（2014年度）の人口を抱える中国は，地球上の耕地面積の13分の1を利用しているにすぎない。この中国が自国民にどれほどうまく食料を供給できるかということは，世界全体にとって重要な問題である。

改革開放政策を進めるなか，80年代以降に急速な経済成長を遂げる一方，都市と農村との所得格差等の矛盾が露呈した。個々の農家の経営耕地面積は小規模で，優良な耕地は沿岸部に多く，当該地域の急激な開発に伴う耕地面積の減少は農業の将来にとって懸念材料となっている。

米，トウモロコシ，小麦は世界有数の生産国だが，生産量のほとんどを国内で消費しており，輸出余力は高くない。大豆は近年の急激な需要増加を背景に輸入が大幅に増加している（6.1.2参照）。改革開放政策以来，食料の増産政策＊を続けてきたが，96年以降のしばらくは豊作と不作を繰り返すなど食料の過剰と不足に揺れ動いた。しかし，本格的な農業政策の強化を始めた2004年以降，14年まで11年連続で食料増産を開始した。

＊1970年代末から開始し改革解放政策は食料増産において大きな成果をあげた。脱集団化の進行，すなわち「生産責任制」の導入や，1979年から82年にかけて実施された政府買入れ価格の値上げにより，80年代前半において劇的な食料増産を成し遂げ，83～84年には食料の過剰問題すら発生した。

6.2　世界の食料需給の長期展望

6.2.1　需要の増加

(1)　人口の増加

国連の推計によると，2015年の世界人口は約73億5,000万人で，2030年には約85億人に，そして2050年には約97億人になるといわれているが，この増加のほとんどはアジアとアフリカ開発途上国においてみられる（United Nations "World Population Prospects: the 2015 Revision"）。

(2)　畜産食品し好の増加

先進国の多くはすでに畜産食品の過剰摂取で，その害が問題になっているほどであり（6.1.1参照），摂取量はあまり増加しないと思われる。しかし，アジアやアフリカの開発途上国では，経済成長とともに肉食し好の増加は，飼料としての穀物の需要を

かなり増加させつつある。

ところで，家畜を飼育する場合，摂取した飼料のタンパク質が家畜の肉ないしは卵や乳のタンパク質に転換する率，すなわち窒素（タンパク質）転換効率は5～35％である（特に肉牛において低い）（表6.5）。熱量の転換効率はさらに低い場合が多く，平均約10％である。このことは，畜産品を消費すると，その約10倍の飼料熱量を間接的に消費することを意味する。このように，畜産品の生産には多量の飼料が消費され，かつ，飼料としては，人間の食用にもなる穀物が近年多用されるようになったことから，食料問題を論ずるさい，オリジナルカロリー（オリジナルエネルギー）という概念が使われるようになった。これは「畜産品を含む食事を摂取した場合，畜産品そのものの熱量ではなく，それの生産に要した飼料の熱量求め，それを畜産品を除いた残りの食事熱量に加えて得られた総熱量」*のことである（なお，養殖魚の場合も畜産品と同様に考えるべきであろう）。このオリジナルカロリーは要した農作物の量，言い換えれば，要した農地の量をおおむね反映することから，今後の一人当たりの農地の希少化に伴い，是非考慮すべき重要な指標である。先進国と貧しい開発途上国とでは，一人当たりのオリジナルカロリーの差が大きく，したがって，農地―ひいては地球環境―に与える負荷に大きな差がある。

このこと，すなわち食料問題および環境問題上の観点に加え，健康上の理由からも，過度の肉・酪農品摂取を控えるようにという提唱が国連環境計画によりなされている（UNEP 2010）

表6.5 家畜における窒素の転換効率
(%)

	報　告　書		
	宮崎基嘉	亀高正夫	D.V. Carton
肉　　牛	12	11-12	5-8
肉　　豚	18	21	13-19
ブロイラー	19	26-29	18-25
産卵鶏	26	30	20-23
乳　　牛	25	33-35	23-30

出所：宮崎基嘉：化学と生物, **9**, 335 (1971)
＊畜産物1kgの生産に要する穀物量（とうもろこし換算）で示すと，牛肉，豚肉，鶏肉および鶏卵では，それぞれ，11, 17, 4, および3kgとなる（岡島敦子：日本食生活学会誌, **12** (3), 200 (2001)）

＊飼料から畜産物への熱量転換効率を10％として，FAO『フード・バランス・シート』から2011年におけるオリジナルカロリーを計算すると（アルコールも含む。また，実際の摂取量ではなく供給量である），畜産品（計算の便宜上，動物性食品はすべて畜産品とみなした）を大量に食べているアメリカ人（畜産品由来1,050kcal）は約1万2,600kcalとなり，きわめて少量しか食べていないインド人（232kcal）やバングラデシュ人（104kcal）はそれぞれ約4,500および3,400kcalにしかならない。アメリカ人はバングラデシュ人の約4人分のオリジナルカロリーを消費しているわけである。日本人（553kcal）の場合は，オリジナルカロリーは約7,700kcalと先進国中最低の水準である。ちなみに，以上の例にあげた各国国民一人一日当たりの食事エネルギー供給量を順に示すと，3,639, 2,455, 2,429および2,719kcalである（FAOの統計ではアルコールを含むので，日本人の値については6.1で示した農水省の「食料需給表」の値よりは高くなっている）。

(3) バイオ燃料需要の増加

近年，6.1.4のコラム「アメリカのバイオエタノール政策」にあるように，アメリカではトウモロコシが大量に燃料用に仕向けられるようになってきた。これは，燃料用という新たな需要の増加につながっている。すなわち，トウモロコシに関して，従

来からある「食料用に回すか飼料用に回すか」という問題に加え，さらに新たに「燃料用に回すか」*という問題も生じてきたわけである。

> *トウモロコシと同様のことが，サトウキビ（バイオエタノール用）や，ナタネ油，大豆油，およびパーム油（バイオディーゼルフューエル用）についても生じている。そこでこの競合状態を回避し，食料需給のひっ迫を防ぐため，非食用の植物資源（ナンヨウアブラギリやスイッチグラスなどの植物，藻類，木くず，茎，葉，わら，廃棄物など）から製造されるいわゆる第二世代のバイオ燃料の開発促進が期待されている。

6.2.2　食料生産基盤の脆弱化

6.2.1で述べたように，食料の需要が今後，とくに開発途上国において高まっていくが，21世紀半ばの時点に達するであろう100億に近い人口を，十分養えるかどうかについては楽観的な見通しはないようである。楽観論の多くは，科学技術の進歩への過度の信奉のもとに，需要が大になり価格が上がれば，農民や企業の増産・開発意欲が増すので，ほぼ需要に見合った供給が続いていくという単純なものである。現在問われ始めているのは，農民や企業の意欲とか，価格云々という次元のものではなく，いわば地球の容量限界が迫りつつあるか否かということである。以下に，食料生産基盤の脆弱化の兆候を示す例をあげる。

(1)　地球規模の環境悪化

① 2014年に発表されたIPCC第五次評価報告は，二酸化炭素やその他の温室効果を有する気体の大気中における濃度の上昇により，21世紀の末頃には地球の平均気温が，0.3〜4.8℃高くなると推定している（温暖化対策の程度の差や不確定さを考慮して幅がある）。

IPCC Intergovernmental Panel on Climate Change

この温暖化が農業に与える影響については，現在のところ確信をもって予測することはできないが，温暖化による気温の変化は各種作物の生育適地帯をずらしたり，土壌の水分量の変化を引き起こす。なぜなら，温度が1℃上昇すると，地面から蒸発する水分の量が4〜5％増えるからである。また降雨量は増えるものの，降り方は短期集中型でより不定になり，水資源の利用効率が低下し，干ばつもより頻繁になるといわれている。したがって，農業生産が不安定になることを懸念する研究者が多い。

特に，すでにかなり高温下で低緯度地方にある開発途上国では，より高温になることは作物の生育に不利に働くうえ，温暖化に適応する技術力があまり期待されないので，開発途上地域全体としてはかなりマイナスの影響が出るのではないかと危惧されている。

一方，今世紀の中ごろまでであれば，先進国では，たとえば，品種の改良など，温暖化に適応する能力があることや，低温に悩まされていた高緯度地方ではむしろ増産さえ可能になる地域が出てくることなどから，先進国地域全体としてはマイナスの影響はそれほどではないと予測されている（C. Rosenzweig and M. L. Parry 1994）。

しかし，温暖化がさらに進んだ今世紀末には，先進国地域全体にもマイナスの影響

が及び,世界全体の主要4作物(小麦,米,トウモロコシ,大豆)の生産量は,カロリーベースで,二酸化炭素による**施肥効果**込みの場合,および同施肥効果なしの場合,それぞれ,8〜24%,および24〜43%の減少となるとの推定もある(J. Elliott et al. 2014)。

さらに温暖化は,海面上昇(21世紀の末ごろに26〜82cm)を引き起こすといわれているので,バングラデシュの低地や中国の揚子江デルタ地帯などの農耕地が,水没や塩水の浸入という大被害を受けることが懸念されている。もし海面が1m上昇すれば,バングラデシュは水田の半分を失うであろうと世界銀行は推定している。

② 特定フロンや亜酸化窒素による成層圏オゾン層の破壊は紫外線の増加をもたらすが,その紫外線は人間の皮膚がんを増やすだけでなく,光合成の阻害などによって種々の農作物(特に大豆)の収量を減少させ,また海洋の表面に浮遊している植物プランクトンの減少を介して,漁獲量の減少を引き起こすと推測されている。しかし近年,世界的にフロン対策が進みつつあり,事態が好転する目途がついたともいわれている。

③ 成層圏とは逆に対流圏では,自動車や火力発電所から排出される窒素酸化物や揮発性有機化合物などにより生成されるオゾンが増えているが,これは農作物に悪影響を与え,世界全体ですでに小麦,大豆およびトウモロコシの収穫量を,それぞれ,2.2〜5.5%,3.9〜15%,および8.5〜14%ほど減少させており,今後も悪影響は一層増加するとみられている(S. Wilkinson 2012)。

④ 酸性雨や酸性降下物は農作物に直接的および土壌の劣化を通じて間接的に被害を与える。たとえば,土壌の酸性化により,作物の生育に必要なカリウム,カルシウムおよびマグネシウムなどの陽イオンが溶かし出され,大地の養分が失われたり,溶出された有害なアルミニウムイオンが作物の生育を阻害したりする。

⑤ 大気中に二酸化炭素が増えると,海水中に溶け込む量も増え,海水のpHが下がり,海洋酸性化が進行する。その結果,炭酸カルシウム(特にアラゴライト)の殻の形成が困難になるので,プランクトン,サンゴ,および貝類などの成育に影響を与え,海の生態系に異変が生じ,将来,水産業全体に悪影響が出るとの危惧が持たれている。

(2) 土壌の劣化

国連の土壌劣化に関する調査(1990年)は,不適切な農法や土地管理など誤った農業活動によって世界の耕地面積(約14億ha)の38%が劣化していることを明らかにした。その後の各種の調査でも悪化は食い止められていないというのが世界の共通認識である。特にカザフスタンは深刻で,この20年間あまりの間に,穀物耕作地の半分が放棄されたと推定されている。しかし,FAOは「**国際土壌年**」を機に,世界の土壌劣化データの更新・集約を始めており,新しいより包括的なデータが期待されるところである。

> **施肥効果** 二酸化炭素濃度が高くなると光合成にとって有利になり,肥料のように,生育や収量を増大させる効果がある。

> **国際土壌年** 国連は2015年を「国際土壌年」,毎年12月5日を「世界土壌デー」と定めた。土壌を食料安全保障の基礎と位置づけ,国際社会の関心を高めるとしている。

上記の国連の1990年の調査によれば，土壌劣化の原因の第一は，風や水による土壌の侵食（流出）で，劣化の84％を占める。傾斜地に耕作したり，農地拡大のため防風林を設けなかったり，収穫後裸地のまま放置したことが原因である。1990年時点では，土壌侵食の起きていた耕地における生産量は，侵食が起きていなかった場合に見込まれる生産量を，平均で17％下回っていたともいわれている（L.R.ブラウン：地球白書，1996-97年版）。

第二の原因は，灌漑農地における排水管理のまずさから生ずる土壌の塩類集積である。排水が不十分であると，もともと下層中にある塩分が溶かし出され，激しい蒸散によって促進された毛細管現象により，地表に塩類が吹き出てきて集積するのである。毎年約200万haの灌漑農地（全灌漑面積の1％弱 農林水産省の資料では毎年100万ha以上という数値が見られる。）が，塩類集積により失われている。特に塩害のひどい地域は，アメリカ，中国，パキスタン，インドおよびメキシコなどで，それぞれ塩害地の比率は28，23，21，11および10％にも及んでおり，世界全体でいえば灌漑農地の24％ですでに収量の低下が生じていると推定されている。

その他，重い大型の農業機械の使用による土壌の圧密化，化学肥料・農薬への依存しすぎや有機質肥料の軽視または不足（元来肥料に用いられるべき牛糞や作物残渣が，燃料木不足から燃料の代替物として使われてしまうことによる）による土壌微生物やミミズなどの益虫の減少・土壌肥沃度の低下なども問題になっている。

さらに，上述の国連の調査は放牧地（世界で約34億ha）でも，全大陸にわたって，広範囲に土壌の劣化が起きていることを明らかにしている。ウシ，ヤギ，ヒツジなどの過放牧により，植物が根こそぎにされることによる放牧地の不毛化が主な原因といわれている。

上記の土壌侵食と乾燥地灌漑農業の塩類集積の問題は，実は古来から存在したのであって，"これらの原因で農業が衰退したのが古代文明の滅亡の原因である"と，カーター（V. G. Carter）らはその著書『土と文明』（山路健訳，家の光協会（1975））で述べている。しかし，現在のこれらの進行する速度と規模は古代文明の比ではない。

＊似た言葉である「土地の劣化」については，国連砂漠化対処条約による次のような定義がある。「乾燥地域，半乾燥地域及び乾燥半湿潤地域において，土地の利用又は単一の若しくは複合的な作用（人間活動及び居住形態に起因するものを含む。）によって天水農地，かんがいされた農地，放牧地，牧草地及び森林の生物学的又は経済的な生産性及び複雑性が減少し又は喪失すること」。

(3) 水不足

世界の農産物の約40％が，世界の全耕地面積の約23％（2013年）を占める灌漑地で生産されており，灌漑は農業生産においては重要な手段である。しかし，北アフリカや東アフリカでは人口急増のため，また中国やアメリカでは都市化や工業化による水配分をめぐる競争の激化のため，さらに中国，アメリカ，インド，パキスタン，イ

ラン，リビアおよびサウジアラビアなどでは過剰汲み上げに起因する地下水の水位の低下*のためなどにより農業用の水不足が懸念されている。現在，世界の水使用量の約70％を農業が占めるが，農作物生産と他の経済活動とではほとんどの場合，等量の水で後者のほうがより高い経済価値を生むので，水の農業用利用に対しては削減圧力が高まると予想されている。

エリオットらの研究によると，水不足により，今世紀の末ごろまでに，現在灌漑が盛んなアメリカ西部，中国，西・南・中央アジアでは，2,000～6,000万haの灌漑農地を天水農地に転換しなければならなくなると見込まれている（J. Elliott et al. 2014）。

> *アメリカでは，東部こそ雨量も多いが，西部は年間500mmかそれ以下になる。安定的に農作物を生産するには500mmは最低量といわれる。しかしロッキー山脈の雪解け水を用いたり，巨額の投資により灌漑用ダムを多数つくったり，また，直径が1kmぐらいある円形のセンターピボット灌漑システム（回転式移動スプリンクラーがついており，アメリカ全体で8万台くらい）などにより，オガララ帯水層の地下水を用いて，年間雨量が200～300mmの地帯も農耕可能地になった。ところが，この地下水位が低下しはじめ，汲み上げ不能になったところも出てきた。同帯水層の貯水量の減少は，今世紀に入って加速しており，2001～2008年の汲み上げ量は20世紀全期間の汲み上げ量の32％にも及んでいる（L. F. Konikow 2013）。

(4) 耕地面積増加の伸び悩み

世界の耕地面積は1961年の約12億9,000万haから1986年の14億200万haへと増加を続けたきたが，2013年においても約14億1,000万haであり，近年はほぼ横ばいを続けている。ただし地域的にみると増減があり，南アメリカでの増加およびアメリカでの減少が目立つ（1991年から2013年までの間の変化でみると，それぞれ，4,000万haの増加，および3,400万haの減少）。

今後は引き続き南アメリカ（特にアマゾンの南側に広がるセラード地帯）やアフリカの新規開拓が予測されるが，そのほとんどは環境に甚大な悪影響を及ぼしかねない熱帯林地域であり，あまり望ましくないといえる。したがって，耕地面積の世界全体での今後の純増分はあまり大きいものとはならないと予想される。

6.3 農業と地域環境の保全
6.3.1 農業が環境に及ぼす悪影響

温暖化や酸性雨など，地球環境の悪化が農業に悪影響を及ぼすこと，および不注意な農業は農業自身も危機に陥れていることについてはすでに述べた（6.2.2）。ここでは，農業が環境に及ぼす悪影響について触れる。

まず第一に，そもそも農業の拡大は，燃料木の過剰伐採とともに，森林消失の主原因であり，森林消失に伴う種々の環境悪化，すなわち，二酸化炭素の増加，雨量の減少のような気象変化，土壌の流失，下流域における流失土壌の堆積によるダムの寿命の短縮化，および洪水の増加などの間接的な原因となっている。特に，人口の増加な

どで森林に追いやられた新参の焼き畑民が問題で，伝統的な知識をもたない彼らは自然の回復力を待たずに，そして土壌の浸食防止を心がけずに焼き畑を行い，不毛の地を拡大している。通常は20年前後のサイクルで同一の土地を利用するのであるが，それが10年ぐらいになっているのである。焼き畑自体は，元来「アフリカに最も適した農法である」といわれている。

　第二に問題となっているのは窒素肥料の過剰使用で，地下水中の硝酸塩濃度の増加を引き起こしている。日本と異なり，飲料水の地下水依存が高い欧米では大問題で，乳幼児の悪性貧血病であるメトヘモグロビン血症の原因となっている。WHOは，それが原因で1945～85年の間に160人の乳幼児が死亡したと報告している。ついで付言すると，窒素肥料により生ずる亜酸化窒素（N_2O）は温室効果およびオゾン層破壊効果を有するので，窒素肥料の過剰使用はこの面からも問題となるものである。

　第三に，農薬の多用による周囲の大気や水系の汚染，そして特に農薬散布作業者への健康影響が開発途上国では深刻な問題になっている。国連環境計画（**UNEP**）の報告書は，「毎年，推定100～500万件の農薬中毒が発生し，その結果農業労働者が2万人死亡しているが，中毒の大部分は開発途上国で起きている。開発途上国では農薬使用量が世界の農薬製造量の25％であるにもかかわらず，世界の農薬中毒に起因する死亡の99％を占めている」旨，指摘している（UNEP（2004））。なお，この報告書は上記の数値は過小評価であることも言い添えている。開発途上国でこのような事態が生ずることの背景には，農薬は適正に使用されなければ危険な場合があることを知らされていない，注意書きが読めない（ラベルが貼られていない，現地語でないなども含めて），詰め替えられて表示と内容が一致しない場合がある，防護服が支給されない，防護服があっても熱帯性気候のため着用しないなどがあげられている（『環境白書』1996年版）。

　第四に，灌漑のための過度の取水による生態系破壊が問題としてあげられよう。かつて世界で4番目に大きな湖だった中央アジアのアラル海（北海道より一回りほど小さい）は，そこに注ぐ二つの河川からの大量の取水により，ほとんどの水が失われ，ほぼ消滅状態にあることを，アメリカ航空宇宙局（**NASA**）によるアラル海の衛星画像（2014年8月19日撮影）は示した。この地域は，かつて旧ソ連の灌漑農地の約40％を占め，旧ソ連の果実収穫量の3分の1，野菜の4分の1，コメの40％，綿花の95％が栽培されていた。現在は，漁業の被害は言うに及ばず，干上がった海底の塩分が周囲の綿作耕地などに被害を与えている。また，水域の縮小により夏と冬の気温差の拡大という気候の変化も生じさせつつもある。一つの生態系が丸ごと消滅したことから，「20世紀最大の環境破壊」といわれている。同様に，チャドなど4カ国にまたがるアフリカ大陸中央部の湖であるチャド湖（1960年代には北海道の3分の1ぐらいの大きさ）も，注ぐ河川からの灌漑のための取水で消滅に瀕している。

　上記以外に農業が環境に与える悪影響を列挙すると，集約的な畜産経営に伴い過剰

UNEP United Nations Environment Programme

NASA National Aeronautics and Space Admistration

に生ずる家畜糞尿による周囲の水系の富栄養化や大腸菌などによる汚染，灌漑農地での排水管理の不十分さから生じる湛水池におけるマラリア・住血吸虫症・リンパ性フィラリア症のような水系伝染病の蔓延などである。また，やむをえない面もあるが，二酸化炭素に次いで地球温暖化の原因とされるメタンガスが，水田やウシなどの消化管から発生している。不注意な農業はこのようにさまざまな悪影響を周囲の環境に与えがちである。

6.3.2 環境保全・持続型農業

　前述したような環境破壊型農業でもなく，また6.2.2で述べたような土壌劣化を引き起こすような非持続型農業でもない，すなわち，環境保全・持続型農業こそ今後追求されるべき農業のあり方で，この方針に沿った種々の文書が国際的に発表されている（世界保全戦略，熱帯林行動計画，世界土壌憲章，砂漠化阻止行動計画，および地球サミットで採択されたアジェンダ21など）。OECD（経済協力開発機構）においてもこの問題が重視され，1988年7月に発表された報告書「環境政策と農業政策の統合」において，農業公害を削減すること，および環境に対して農業が積極的に貢献することなどの必要性が強調された。

　アメリカでは1985年の農業法において「低投入持続型農業」（LISA）政策が打ち出され，またEUでは同年に共通農業政策のなかに，「環境保全地域」の指定の導入などを含む「農業構造の効率の改善に関する規則」が制定され，以来，それぞれにおいて，環境保全型農業が重要な目標となった*。なお，EUにおいては，同時に「条件不利地域政策」が打ち出され過疎化対策もなされている。

> ＊2015年時点の農業環境政策としては，アメリカでは，土壌保全留保計画（土壌侵食のおそれが高い農地において，10〜15年の間休耕し，草地や林地として管理する活動），環境改善奨励計画（農業生産と環境改善を両立するための措置の導入），保全管理計画（環境保全活動の継続，新たな取組み），農業保全地役権計画（湿地保全，草地保全，農畜産用地保護）などがあり，EUでは，クロスコンプライアンス（環境保全のために全農家が最低限守らなければならない基準。基礎支払い，グリーニング支払い（基礎支払受給者が，気候と環境に有益な措置の実施をした場合上乗せして支払われる），農村振興政策（環境負荷軽減策が中心）などがある（農林水産省「環境保全型農業センスアップ戦略研究会（仮称）の議論を受けて」2015年5月）。

　欧米同様，日本においても従来から，農薬の空中散布による大気汚染や大規模畜産農家周辺の糞尿による水質汚染などの農業公害があった。しかし日本においては，そもそも農地が少ない（森林が国土の67%もあり，農用地の14%をはるかに上回っている。たとえばイギリスでは，森林が9%しかないのに対し農用地が73%にもなる）こと，そしてその農用地の55%は土壌侵食の起きにくい，よく管理された水田（6.4.2参照）が中心であること，さらに多雨，急峻な河川という自然条件であることなどから，単位面積当たりの使用量が多い割に，農薬，肥料などの集積が少ない。また，欧米と異なり飲料水の地下水依存率が約25%と低い。このように，畑作を中心とした欧米と異な

OECD　The Organization for Economic Co-operation and Development

LISA　Low Input Sustainable Agriculture

表 6.6 農業・農村のもつ多元的な役割*

Ⅰ. 経済的役割	Ⅱ. 生態環境的役割	Ⅲ. 社会的・文化的役割	
1. 国際経済的役割 　国際的需給変動・価格変動の緩和 2. 国民経済的役割 　食料安全保障 　備蓄による安定 　安定経済成長 　危機におけるクッションの機能 3. 地域経済振興 　地域経済の多様性・安定性 　高齢者雇用効果 　エネルギー生産性向上の可能性	1. 国土保全 　生態系維持 　水資源涵養 　土壌の保全 　自然のダム機能 　地表面貯水 　地下貯水 　洪水防止 　エロージョン防止 　自然動植物保全 2. 生活環境保全 　水の保全・浄化 　大気の保全・浄化 　騒音防止 　臭気防止 　自然景観 　緑地空間 　田園風景 　災害避難地 3. 地域資源・エネルギーの循環的利用の可能性	1. 一般的役割 　社会の多様性・安全性・永続性 　地域社会維持 　分業化・単純化克服 　画一化・全体化克服 　社会の連帯性 2. 社会的交流 　都市農村交流 　産直運動 　有機農業運動 　協同組合提携 　姉妹町村 　上・下流交流 3. 福祉的機能 　高齢化社会での年寄りの生きがい 　雇用・仕事の場 　年齢にあった仕事 　障害者の生活 4. 教育的機能 　自然の理解 　調和と協調 　忍耐力・情操	5. 人間性回復機能 (1) 場の提供 　自然休養林 　ホビーファーム 　観光農園 　ふるさとの森 　セカンド・ハウス 　市民農園（クラインガルデン） 　体験農園・山村留学 (2) 人間性回復 　安らぎ・休息 　人間関係改善 　家族関係改善 　物質文明社会での新しい豊かな農業の自由性と独立性 　生活の変化・多様性 　（一人同時多職） 　（一人一生多職） 　芸術と農業 (3) 医療的効果 　自然と健康 　緊張緩和 　森林浴 　現代病改善

*ここにはプラスの効果のみあげた。マイナスの効果については 6.3.1 参照。
出所：久馬一剛・祖田修：農業と環境，富民協会（1995）

り農業公害が出にくい国土である日本では，農業は環境に対して負荷として働くといった考え方よりも，環境保全に役立っているというイメージのほうが一般的のようである。表 6.6 には，日本の農業や農村のもつ，経済的役割にとどまらない，さまざまな生態環境的および社会的・文化的役割があげられている。

しかし，近年日本の地下水中の硝酸塩濃度も高くなってきており，2003 年度の概況調査では環境基準（硝酸性窒素および亜硝酸性窒素の合計で 10 ppm）を超える井戸が 6.6％にも及び，その後 2013 年度には 3.3％に減少したものの依然高い水準にある（『環境白書・循環型社会白書・生物多様性白書』（2015 年版））。

　日本における環境保全型農業を追求する動きは 1992 年に環境保全型農業の位置付けがなされてから始まり，1999 年の**持続農業法**[*1]の制定，2005 年の農業環境規範[*2]の策定，2006 年の**有機農業推進法**，2011 年の環境保全型農業直接支援対策，そして 2015 年の**多面的機能発揮促進法**の施行と進んできている。その間，2008 年には，環境保全型農業の位置付けが，「農業の持つ物質循環機能を生かし，生産性との調和などに留意しつつ，土づくり等を通じて化学肥料，農薬の使用等による環境負荷の軽減，<u>さらには農業が有する環境保全機能の向上</u>に配慮した持続的な農業」（「今後の環境保全型農業に関する検討会」報告書）と，当初のものより積極的な意味合いを持つものになった（アンダーライン部分が 1992 年の位置付けにプラスして 2008 年に追加された）。

有機農業推進法　正式名は「有機農業の推進に関する法律」。

多面的機能発揮促進法　正式名は「農業の有する多面的機能の発揮の促進に関する法律」。

*1 正式名は,「持続性の高い農業生産方式の導入の促進に関する法律」で,環境と調和のとれた持続的な農業生産を確保するため,たい肥の投入などによる土づくりと化学肥料・化学農薬の使用の低減をめざす。都道府県が定めた持続性の高い農業生産方式の導入計画の認定を受けるとエコファーマーと呼ばれ,農業改良資金の償還期限の延長や取得した農業機械の特別償却などの支援措置が受けられる。

*2 以下の基本的な取組みについて農業者自らが生産活動を点検し,改善に努めるためのものとして策定された。作物の生産について:土づくりの励行,適切で効果的・効率的な施肥,効果的・効率的で適正な防除,廃棄物の適正な処理・利用,エネルギーの節減など。家畜の飼養・生産について:家畜排せつ物法の遵守,悪臭・虫害の発生防止・低減の励行,家畜排せつ物の利活用の推進など。

今後,日本も含めて世界的に環境保全・持続型農業を展開していくためには,土壌侵食の防止や有機物の施用等の他に,以下のような研究や施策が必要である。

① 不耕起栽培の研究を進める

耕耘や整地の行程を省略する不耕起栽培は,土壌侵食の防止,土壌有機物の分解抑制,土壌中の炭素貯留効果,土壌水分の保持,労働力や燃料の節減などの利点が注目され,今日では,アメリカ,ブラジル,アルゼンチン,カナダ,およびオーストラリアなどで急速に普及しつつある。アメリカではこの農法を「もっとも経済的で有効な土壌侵食防止策」と位置づけ推奨している。ただし,湿潤および半湿潤地帯では,出芽不安定,雑草との競合,地温上昇の抑制,湿害などの欠点の克服が重要で研究の進展が望まれている(金澤晋二郎 1996)。

② 単作・連作から輪作・混作の作付け体系への変更を行う

連作による病害虫発生を抑え込むための農薬を減らせるし,マメ科植物またはトウモロコシ,ソルガム(いずれも定着が早くて雑草を抑え込む性質がある)を輪作に導入することによって,それぞれ窒素肥料の節約および雑草防除効果が期待できる。ただし,畑と異なり水田ではこの連作障害は認められない。

③ アグロフォレストリー(農林複合経営)を取り入れる

作物畑に樹木を組み入れることによって,風が弱められると同時に土壌の水分が保持され,土壌浸食の防止になる。また,木々は害虫を食べる鳥の生息地となると同時に,飼い葉や燃料用の薪も提供する。昔から行われている方法でもあるが,再評価され始めている。

④ 総合的病害虫管理(IPM;Integrated Pest Management)を行う*

目標となる病害虫の天敵の導入,作物の理化学性・混作・栽培時期を変えることなどによる病害虫の固体群の増殖速度の抑制,性誘引フェロモンによる害虫の捕殺などを組み合わせる。農薬は選択的かつ必要なときのみ使うことにより使用を減らせる。蚊の幼虫の駆除などには,Bacillus thuringiensis のような"微生物農薬"がすでに多くの国で使用されている。

*インドネシアでのIPMプログラムが世界で最も成功したものであるといわれている。「緑

の革命」で，1984年に米の自給を果たした同国は，同年，全世界中の稲作用農薬使用量の20％を使用していた．政府は農薬コストの85％に補助金を支給して，過度の農薬使用を促進していた．しかし，農薬でクモや蜂といった天敵のいなくなったイナゴが大発生し，自給は破滅寸前になった．そこで政府は1986年以来，IPMを導入したが，農薬の使用の60％減少，米の収量の15％増加，農薬使用への補助金廃止による政府支出の年間1億2000万ドルの節約，農薬によっていなくなった魚の水田への回帰，農民や住民および野生生物の農薬による健康被害の減少など，このプログラムの成果はすべて期待を上回っていた．現在，FAOは南・東南アジア，中東，および西アフリカの3地域でのIPMプログラムを後援している．

IPMは元来，農薬，とくに殺虫剤の使用量を減らすことが主目的であったが，現在では雑草の防除まで統合したものとなっており，除草剤の使用の減少をめざす各種の方途，たとえば，アレロパシー（他感作用）を利用することなども研究が進められている．これは，自分の身を守るため植物が，葉や根から他の植物の生長を阻害する化学物質を放出している現象のことで，日本では，たとえばアカマツの葉や刈り取った草を，田や畑にしいて雑草がはえるのを防ぐというやり方が昔からあった．

⑤ 灌漑などにおける水利用の効率を上げる

水の利用における灌漑システムの有効性は40％にも満たないといわれている．たとえば，植物の根のまわりで水をポタポタ落とすドリップ式（点滴）灌漑を取り入れる．また，散布中における水の蒸発を少なくするために通常よりも圧力を低くした低圧散水系を取り入れる．

⑥ 遺伝資源の保存

多数存在する動物および植物のうち，わずか約150種だけが広く利用されている．特に，小麦，トウモロコシおよび米が人類のエネルギー要求量の半分以上を供給している．また，個々の種のなかでも限られた品種しか利用されていない．それゆえ，局地的条件に適応した植物種・品種が多数失われつつある．これらの確保は，従来のともすれば非持続的な単一作物の収量の拡大をめざす観点ではなく，環境保全・持続型農業という新しい観点からの研究に欠くことができない*．

*つくば市にある農業生物資源研究所の農業生物資源ジーンバンクが，わが国の農業分野に関わる遺伝資源について探索収集から特性評価，増殖・保存，配布および情報公開などを行っている．

世界的には，2008年2月26日から操業開始した，種子を冷凍保存するノルウェーにあるスヴァールバル世界種子貯蔵庫が著名である．同施設は，今後さまざまに予想される大規模で深刻な気候変動や自然災害，植物の病気の蔓延，核戦争等に備えて農作物種の絶滅を防ぐとともに，世界各地での地域的絶滅があった際には栽培再開の機会を提供することを目的として，世界各地にある種子銀行に保管されている農業関連の種子を収集している．

ノルウェー政府はこれを「種子の箱舟計画」と称している．運営は2004年に設立された独立国際機関グローバル作物多様性トラストによって行われている．

⑦ バイオテクノロジーによる遺伝子改変

遺伝子導入作物は大まかにいえば，第1に，除草剤耐性，病害虫耐性，貯蔵増大性などを付与するもの（生産者や流通業者にとっての利点を重視），第2に，食物の成分を改変することによって栄養価を高めたり，有害物質を減少させたり，医薬品として利用できたりするもの（消費者にとっての直接的な利益を重視），そして第3に，過酷（乾燥，高塩分，高温，低温など）な環境でも成育できたり，収量が高かったりするようなもの（食料の需給のひっ迫に資する）に分けられよう。現在商業化されているのは第1のグループである。第2グループで最も開発が進んでいるのがゴールデンライスと呼ばれているビタミンA含有イネであり，商業化が近いといわれている（2015年4月現在）。他に，たとえば，B型肝炎予防バナナ，オレイン酸高含有大豆，リシン高含有トウモロコシ，スギ花粉症緩和米などの研究が進みつつある。期待されている第3グループの実用化には時間がかかりそうである。

しかし，遺伝子操作された作物に関しては将来自然の生態系を乱し，"環境保全"と矛盾しかねないかも知れないとの危惧をもつ人びとも多く，商業的思惑が優先しないよう十分慎重に対処すべきであろう。

6.3.3 食料大量輸出入の弊害

ある食料について，なるべく国内で自給したほうがよいのか，また輸入で済ませたほうがよいのかについては，一口にいえないことで，それぞれの国の地理的，経済的，政治的状況で決まることであるが，環境保全の視点から考えると，その地域や国に生産力がある場合は，できるだけ地域での自給，せめて国内自給が望ましいといえる。以下にその理由をあげる。

(1) 食生活の安定・安全性の確保および国土の保全などの阻害

日本の食料輸入先のシェアはアメリカがきわめて高い（表6.7）ので，アメリカからの安定した供給がきわめて重要となってくる。しかし，今後アメリカで大干ばつなどの大きな気象変動が起きる可能性が十分にあるが，その場合，アメリカは自国内での食料不足および価格の高騰を防ぐために輸出禁止に踏み切ることも大いに考えられる。事実1973年にアメリカは大豆を一時的ではあったが，すべての国に対して輸出禁止にした。また，1988年の大干ばつ時および95年の天候不順時には，アメリカでの穀物生産量は前年と比べてそれぞれ約27％（7,400万t）および23％（8,040万t）も減少した。さらに，アメリカに関しては，2015年の3億2,200万人から2050年の3億8,900万人，そしてさらに2100年の4億5,000

表6.7 日本の主要農畜産物の輸入先上位国のシェア

（数量ベース，2014年）

	シェア(%)		シェア(%)
小麦		牛肉	
1 アメリカ	51.8	1 オーストラリア	54.1
2 カナダ	31.2	2 アメリカ	36.4
3 オーストラリア	16.1	豚肉	
トウモロコシ		1 アメリカ	33.3
1 アメリカ	83.6	2 カナダ	17.8
大豆		3 デンマーク	16.3
1 アメリカ	65.4		
2 ブラジル	20.9		

出所：日本国勢図会 2015/16

万人へと，今後かなりの人口増加が予想されていることも心得ておくべきであろう（World Population Prospects, the 2015 Revision）。また，アメリカが原因ではないが，オーストラリアの大干ばつなどの影響による穀物の大減産で，2007-2008年には世界食料価格危機（6.4.3(3)参照）が生じている。輸入先の分散とともに，つねに国内で十分量の備蓄ないし生産をしておく必要がある。

このような食料の量的安定確保のほかに，輸入食品の場合，ポストハーベスト農薬（表7.17参照）などの安全性も問題となろう（もっとも，酸素濃度を低くするなど農薬を使わないで輸送・貯蔵する方法はあるが）。さらに，輸入により国内農業が衰退した場合，地方の過疎化および都市の過密化がより進行して，国土の保全および有効利用という観点から望ましくない（表6.6参照）。EU諸国は，農業条件の悪い山岳地や過疎問題の深刻な地域に，特別に財政支援を行って国土保全に気を配るという政策をとり始めている。遅らばせながら，わが国でも2000年度より中山間地域等直接支払制度が実施されている。

(2) 開発途上食料輸出国における環境破壊の促進

アメリカなどの先進国では，環境に悪影響があったり，農業自身が窮地に陥れる農法に対する反省の気運があり，それに対処する能力もあるが，余裕のない開発途上国では歯止めがかかりにくい。以下にいくつかの例をあげる。

① アメリカなどの先進国への輸出用の安い牛肉（ハンバーグ用）や輸出用作物のための牧場や農地の開墾が，中南米の熱帯林の破壊の原因の一つになっている。

② ガット・ウルグアイ・ラウンドの終結により，農畜産物貿易の自由化がいっそう加速されることになった（6.1.3）が，トウモロコシ，大豆および米はそれぞれ，アルゼンチン，ブラジルおよびタイなどのほうがアメリカよりも安いので，それら開発途上国の生産および輸出が増え，貿易収支改善になるかもしれないが，無理な農地拡大のため森林破壊をさらに促進する危惧がある。

③ 日本はタイ*やインドネシアなどから大量の養殖エビを輸入しているが，熱帯地域の海岸近くに住む人びとにとって「生活と生産の基盤」ともいえる重要なマングローブの林をつぶして養殖池をつくっているのである。熱帯の住民にとっては，マングローブ林で育つ魚介類は食生活にとって欠かせない。また，マングローブの葉は家畜の飼料，木部は燃料，建材などにも利用され，資源としての価値も大きい。同時に海岸の浸食を防ぎ，そのことにより浅海域ではサンゴ礁や海草生態系が護られる。海岸の森林であるから，後背地の農地や人の命を高波から護る機能も果たしている。スマトラ沖地震・インド洋津波（2004年12月）の際，マレーシア北西部のペナン島のいくつかの漁村では，マングローブの群生林が，「緩衝装置」として働き，被害を最小限に抑えた。これは温暖化で海面の上昇が予想されているので，ますます重要になってきている。

*タイでは沿岸のマングローブ林地域はほぼ開発されつくしてしまい，1990年代には内陸

部の水田地帯における養殖が盛んになったが，地下水くみあげによる地盤沈下，排出される汚水による地下水の汚染，周辺農地における塩水（エビ養殖には海水が使用される）による被害発生などで，1998年にタイ政府は内陸部におけるエビの養殖を禁止した。

④ 前述（6.3.1）のような農薬使用の実態のままでは，開発途上国からの輸出が増加すれば，農薬の被害がいっそう増加すると懸念される。

6.4 日本の食料資源
6.4.1 日本の食料自給率

日本はアメリカ，中国，ドイツに次ぐ世界有数の食料輸入国であり，小麦，トウモロコシなどの穀物や大豆を大量に輸入しており，したがって，それらの自給率はきわめて低い。特に穀物の自給率は28％と低く，OECD加盟国中最低の水準にある（日本より低い国は少数で，アイスランド0％，イスラエル7％，オランダ14％，ポルトガル24％，韓国26％である。いずれも2011年の値）。人口1億以上の国に限ると，日本に次いで穀物自給率が低いのはメキシコであるが，それでも62％（2011年）はある。表6.8にみられるように日本の穀物自給率の低下は急速に，高度経済成長時に進行した。この自給率の低下はイギリス，ドイツおよびスイスなどの動きと対照的で，それらの国では穀物自給率は，1961年と2011年との比較で，53％，63％および34％から，それぞ

表6.8 食用農水産物の自給率の推移

(単位：％)

品　目	1960年	1980年	2000年	2013年	参考*
コ　メ	102	100	95	96	96 (97)
うち主食用		100	100		
小　麦	39	10	11	12	12 (16)
豆　類	44	7	7	9	－
大　豆	28	4	5	7	5 (12)
野　菜	100	97	81	79	87 (92)
果　実	100	81	44	39	51 (41)
肉　類（鯨肉を除く）	93	80 (12)	52 (8)	55 (8)	61 (60)
牛　肉	96	72 (30)	34 (9)	41 (11)	38 (46) (21)
豚　肉	96	87 (9)	57 (6)	54 (7)	73 (58) (11)
鶏　肉	100	94 (9)	64 (7)	66 (8)	73 (70) (14)
鶏　卵	101	98 (10)	95 (11)	95 (12)	98 (96) (19)
牛乳及び乳製品	89	82 (46)	68 (30)	64 (27)	75 (65) (47)
魚介類（食用）	111	97	53	60	66 (70)
砂糖類	18	27	29	29	34 (36)
穀物自給率	82	33	28	28	30
主食用穀物自給率	89	69	60	59	62
総合食料自給率（供給熱量）	79	53	40	39	45 (45)
総合食料自給率（生産額）	93	77	71	65	74 (73)
飼料自給率	55*2	28	26	26	35 (40)

* 2010年度の目標値（2000年3月策定された食料・農業・農村基本計画において掲げられた）。（　）内は，2015年3月に改訂された「食料・農業・農村基本計画」において掲げられた2025年の目標値。

注：1）コメについては，国内生産と国産米在庫の取崩しで国内需要に対応している実態を踏まえ，1998年度から国内生産量に国産米在庫取崩し量を加えた数量を用いて，次式により品目別自給率，穀物自給率及び主食用穀物自給率を算出している。
　　　自給率＝国内供給量（国内生産量＋国産米在庫取崩し量）／国内消費仕向量×100（重量ベース）
　　　また，飼料用の政府売却がある場合は，国内供給量及び国内消費仕向量から飼料用政府売却数量を除いて算出している。
：2）品目別自給率，穀物自給率及び主食用穀物自給率の算出は次式による。
　　　自給率＝国内生産量／国内消費仕向量×100（重量ベース）
：3）供給燃料ベースの総合食料自給率の算出は次式による。ただし，畜産物については，飼料自給率を考慮して算出している。
　　　自給率＝国産供給熱量／国内総供給熱量×100（供給熱量ベース）
：4）生産額ベースの総合食料自給率の算出は次式による。ただし，畜産物及び加工食品については，輸入飼料及び輸入食品原料の額を国内生産額から控除して算出している。
　　　自給率＝食料の国内生産額／食料の国内消費仕向額×100（生産ベース）
：5）飼料自給率については，TDN（可消化養分総量）に換算した数量を用いて算出している。
：6）肉類（鯨肉を除く），牛肉，豚肉，鶏肉，鶏卵，牛乳・乳製品の（　）については，飼料自給率を考慮した値である。

出所：農林水産省「日本の食料自給率」および「食料需給表」

れ，101％，103％および45％に増加した（6.1.4（2）も参照）。なお，オランダは同期間中，35％から14％へ減少した（農林水産省：「世界の食料自給率」より）。野菜，果実，肉類および魚介類など，穀物以外の自給率も1980年以降急速に減少しつつある。また，飼料自給率が26％であるから，輸入がゼロになった場合は，畜産食品の生産は，表6.8の（　）内に示されているように大幅減少するわけである。これ以上の低下に歯止めをかけるべく，2000年3月策定の「食料・農業・農村基本計画」において，2010年に達成すべき目標が掲げられたが，ほとんど達成されなかった（表6.8参照）。なお，表6.8の参考欄の（　）内に示されているのは，2015年3月改訂の「食料・農業・農村基本計画」で，2025年に達成すべき目標として掲げられた数値である。

6.4.2　日本の農業の特徴

　日本の気候は北海道を除いて概して温暖で，雨量も年間1700 mm以上と，ヨーロッパ（約550 mm）や北アメリカ（約650 mm）よりずっと多いうえ，降雨が植物育成の盛んな夏期に集中している。さらに，緑の列島といわれるほど森林が多いので水の保水力も大きく，持続的に養分に富んだ水が供給される。

　日本のこのような条件は，どちらかというと水田には有利に働くが，畑作には不利に作用する。降雨が植物育成の盛んな夏期に集中しているということは，雑草や病害虫の被害を受けやすいわけで，これは水田でも同様であるが，畑，特に台地にある畑の場合は多雨によりもたらされる土壌の栄養分流失と**酸性化**が問題になる。

　一方，日本の水田は生産の永続性の面できわめて優れている。水平に水を張り，流すので，土壌の流失や塩類集積はほとんど起こらないし，水の比熱が大きいことから，夜になっても水田の温度はあまり下がらないので冷害にもなりにくい。また水田の大部分は浸透水として土中に入っていき，地下水になる。したがって，雨が大量に降っても，大量の水が急激に流れるということが起こりにくく，水田は貯水池の役割も果たしており，国土保全に役立ってきた。まさに，水田は自然の巨大なバイオリアクター（生物反応槽）そのもので，何百年あるいはそれ以上にわたって障害なしに連作が可能であった。しかし，これは自然にできあがったのではない。農民が長い年月をかけて水田を肥やし守ってきたからである。まさに「水田はわが国の国民的資産である」（農業白書1985年版）（表6.6も参照）。

　しかし，一戸当たりの水田の規模は先進国の中ではあまり大きくない。近年は平均で1.0 haである（中国も零細で0.59 ha（2011年）である）。山間・丘陵部などは各農家の水田がバラバラにあり，機械化が困難であること，また諸外国と比べて農地価格が高いため，たとえ遊ばせておいても土地の資産としての価値が高いことなどの理由で，一戸当たりの水田の規模拡大がそれほど進まなかったからである。そして農業全体としては機械化のメリットを十分に生かしきれないで，むしろ小規模農家での機械の過剰装備が問題になっているくらいである。

酸性化　降雨が多いことは，植物の養分となるカリウム，カルシウム，およびマグネシウムなどの陽イオンを流出させるが，土壌は電気的中性を保つためにその失われた陽イオンのかわりに水分子由来の水素イオンを集積させ酸性化する。

6.4.3　日本の果たすべき役割

(1)　世界食料サミットと食料貿易をめぐる利害対立

「すべての人々に食糧を」というスローガンのもと，史上初の世界食料サミットが，1996年11月に開かれた。開発途上国は，国内農業生産拡大のための援助の強化，飢餓の主因である貧困問題の解消を訴えたのに対して，アメリカやオーストラリアなどの先進農産物輸出国はもっぱら自由貿易の推進こそが解決につながると主張するにとどまった。一方，ヨーロッパ各国からは自由貿易は世界の食料不安を解決する万能薬ではないとの主張がされ，持続的農業の推進や環境保全など，農業のもつ多面的な機能が強調された（表6.6参照）。また，日本や韓国をはじめとする輸入国は，自国での食料増産を基礎とし，輸入と備蓄を組み合わせることが食糧安全保障の基本であるとし，食料安全保障達成のためにはいっそうの貿易自由化が必要であるというアメリカなどの農産物輸出国と対立した。このサミットは約20年前に開催されたものであるが，その後も各国のスタンスは基本的には変化していない。

上記の会議などから，食料貿易に関しては，以下の四つのグループの利害の対立があるといえよう。

① アメリカ，カナダ，オーストラリア，ブラジル，アルゼンチンなど広大な農地を有する大輸出国：アメリカ以外は輸出にほとんど補助金が不要な諸国。

② EUの輸出国：大部分が輸出可能になるまで共通農業政策により十分農業保護が与えられてきた小農中心の諸国。

③ 日本，韓国，台湾，その他アジアやアフリカ＊などの多数の輸入国：生産力は国内にかなりあるが，小農が中心かつ生産が割高で，国際的な自由競争に耐えられず，また，工業品を輸出している国も含まれ，そのような国では，貿易収支均衡の観点から，食料大輸出国に輸入を迫られ，本来の食料生産力が発揮されていない諸国。

④ エジプト，イラン，イラク，リビア，イスラエル，その他多数の輸入国：砂漠にあるなどの理由で，本来の生産力は小さく，どうしても輸入に多く頼らざるをえない諸国。

①や④のグループはほぼ無条件に自由貿易大歓迎であろうが，②のグループは輸出競争に比較的弱いので，自由貿易一辺倒には警戒を示すものの，輸出量が確保されるので，輸入国が増加することは歓迎している。③のグループは，開発途上国にかなり多いタイプと思われるが，もてる国内生産力をもっと発揮させたいという当然の要求をもっているといえよう。

＊自由貿易はアフリカ農業を疲弊させているとの見解がある。国際農林水産業研究センター海外情報部（当時）の小山修氏は，国際農業問題講演会で，次のように述べている。「自由貿易がいいと言っている一部のアメリカの経済学者が言うようなことを，鵜呑みにしている人はFAOには少ないと思います。アフリカの現地に行って，肌で現場を経験して

いる人は机上の論だけでは納得しない。計算では自由貿易は素晴らしいんですが，農業がどんどん疲弊していく中で大量の輸入食料品が入ってきて，その国の農業が破壊され，農業従事者が貧困に追いやられていく。その人たちがもがいて，また環境を悪化させていくという外部コストが，今の市場システムの中にうまく入っていない可能性がある。そういうことを認識していますから，そういう単純な考えの人は余りいないのです」(世界の農林水産，1996年6月号)。

(2) 食料自給率の向上：国内の要請

すでに述べたように，日本は食料輸入大国で，人口の多い国のなかでは穀物自給率が最低の国であり，しかもその他の品目の自給率も年々下がりつつある (6.1.2)。農地を有効に使っての上であればやむをえないが，実態はそうではない。たとえば，作付け延べ面積は1960年には813万haあったが，2014年には415万haにまで減少している(農業白書附属統計表2000年版および農林水産統計2015年8月25日公表版)。このような状況に不安をもつ国民は多い*。内閣府の世論調査(2008年9月実施)によれば，「我が国の将来の食料供給についてどのように考えるか」という問いに対して，「非常に不安がある」が56.5％で，「ある程度不安がある」が37％という結果が出ている。さらに「我が国の食料生産・供給のあり方はいかにあるべきか」という問いに対しては，「外国産より高くても，食料は生産コストを引き下げながら，できるかぎり国内で作る方がよい」が51.5％，「外国産より高くても，少なくとも米などの基本食料については，生産コストを引き下げながら国内で作る方がよい」が42.4％で，「外国産の方が安い食料については，輸入する方がよい」の3.1％を大きく上回っていた。

　　* 1975年のCIA(アメリカ中央情報局)報告書中に，「輸入国の食料需要が賄えない不作の年には，ワシントンは大勢の貧しい人々の運命に対し，生殺与奪権を握ることになる」とある。また，アメリカのブッシュ大統領(当時)は，2001年の演説で，「食料を自給できない国を想像できるか。そんな国は国際的な圧力と危険にさらされている国だ。…アメリカ国民の健康を守るため輸入食品に頼らなくていいことはなんとありがたいことか」と述べている(NHK「視点・論点」(2008年4月17日))。これが日本に市場開放を迫っている国のトップのことばなのである。

(3) 食料自給率の向上：国際的要請

日本は，食料輸入国グループ(前記(1)で述べたグループ③)の代表として，目前の貿易収支の均衡にのみとらわれて，いわば工業製品輸出の代償として農業に犠牲を強いる政策から，是非，国内農業の振興・自給率の向上を掲げる政策に転換し，このグループの模範となるべきであろう。これはこのグループのエゴイズムではなく，中長期的観点から世界に迫り来る，人口増大，食料需給の逼迫に備える重要な国際的貢献となるものである。

環境，食料，経済，産業の分野で世界をリードする分析と提言を続けているレスター・R.ブラウンは，多くの著書で，今後は食料安全保障が軍事的安全保障に代わって各国政府の最大の急務になるとつねに力説している。そういう趨勢にあるなかで世界的に不作が起きた場合，もし日本のような経済大国が金にあかして強引に世界中か

ら食料を大量に買いあされば，さらに食料価格の高騰を誘うことであろう[*1]。そうなれば人口に比し食料生産力が低い，どうしてもかなりの部分を食料輸入に頼らざるを得ない，多くの貧しい開発途上国の食料輸入の機会を奪うことになる。それらの国ぐにから，「日本にはわれわれの国と違って二毛作や二期作もできる優良な耕地があるのに，なぜそれをフルに利用して自分たちの食料を作らないのか」などといった非難を浴びかねないであろう[*2]。そして，食料に窮した人びとはてっとり早く食料を手に入れる手段として，そのころはすでに残り少なくなっているであろう熱帯林の焼き畑を始め，それが地球環境破壊の総仕上げということになってしまう危惧が十分ある。そのときには，「国内での生産は高くつくから」という「経済合理性」に基づく言い訳は国際的には通用しないものとなろう。ただし，経済的観点のみならず，国際政治的にもガット・ウルグアイ・ラウンドでの取り決めにより，米を自給できる日本が，一定の割当量をいやおうなしに輸入しなければならないとするミニマムアクセスが課せられ（6.1.3参照），日本はもてる生産能力を発揮できなくさせられてしまっている状況であるのも事実である。このような不合理な取り決めを早く撤廃すべきであろう。

[*1] オーストラリアの2年連続の大干ばつ，中・東欧の熱波，ウクライナ，ロシアの異常な低温などによる穀物の大幅減産などが主要なきっかけとなった2007〜2008年の世界食料価格危機の際には，食料価格の上昇に抗議する暴動がアジアやアフリカの各地で起きた。

　米の場合，生産国の輸出規制が拍車をかけ，国際価格は，2007年末の1t当たり320ドル前後から2008年5月には1000ドルを超えた。実は世界的には米の在庫が十分あったのであるが，高騰した小麦やトウモロコシからの代替需要で，米価格が上昇するのを懸念した米の生産輸出国が，米の輸出規制を行ったのである。

　そのような状況下にあったので，フィリピンやハイチはお金を出しても米を手に入れられないという事態が起きたのである（鈴木宣弘　2013）。

[*2] 雨量が多く，農業に適した気候をもちながら，耕地を十分に利用していない日本と際立った対照を示す国が，砂漠の耕地化に"成功"した典型例であるサウジアラビアである。産油国であり，豊富な資金をもつ同国は，気候・土壌・水の入手のいずれにおいても厳しい制約下にあるにもかかわらず，各種の農業保護により，小麦，鶏卵および大部分の野菜などでは自給を達し，小麦に関しては輸出国にすらなった。同国の穀物生産量は1980年に比べ，94年には20倍にもなったのである。しかし，灌漑に用いていた地下水が枯渇し始め，さらに補助金も削減されたため，穀物生産量は1996年には，ピーク時（94年）の半分以下に落ち込んだ。その後，地下水枯渇の懸念から，小麦については，2016年以降の生産が中止となった。自然条件を無視し，資金力にものをいわせた一時的な"成功"をもたらす非持続的農法の典型として，後世に伝えられることになろう。狭くて山が多いとはいえ，農業の持続性の観点からみれば，いかに日本は恵まれているのか，再認識すべきである。

(4)　競争から共生へ

これまで述べてきたように，日本には，現状以上の食料生産潜在能力があり，国民

> **コラム　食料自給力という考え方**
>
> 　2015年3月に改訂された「食料・農業・農村基本計画」では，国内農林水産業生産による食料の潜在生産能力を示す食料自給力という概念を導入した。その構成要素は，農産物は農地・農業用水等の農業資源，農業技術，農業就業者，水産物は潜在的生産量と漁業就業者からなるとしている。
> 　さらに，食料の潜在生産能力をフルに活用することにより得られる食料の供給熱量を示す指標として，「食料自給力指標」を設定した。生命と健康の維持に必要な食料の生産を以下4パターンに分けた上で，それらの熱量効率が最大化された場合の一人・一日当たり供給可能熱量（2014年度現在の試算値）を示したものである（再生利用可能な荒廃農地においても作付けすると仮定した場合の値を示した）。
> ① 栄養バランスを一定程度考慮して，主要穀物（米，小麦，大豆）を中心に熱量効率を最大化して作付けする場合（1,495kcal）。
> ② 主要穀物（米，小麦，大豆）を中心に熱量効率を最大化して作付けする場合（1,855kcal）。
> ③ 栄養バランスを一定程度考慮して，いも類を中心に熱量効率を最大化して作付けする場合（2,462kcal）。
> ④ いも類を中心に熱量効率を最大化して作付けする場合（2,754kcal）。
> なお，2014年度の国内生産のみによる供給実績値は939kcalである。

　にも増産意欲および増産支持の世論が強くありながら，国際貿易上の思惑などから，ときに輸入を強いられたりする（いくら輸入のほうが価格が安く，それが自由貿易だといっても，生産能力があるのに買わされるのは一種の強制であろう）こともある食料輸入国の代表として，振る舞うことが期待されている。

　しかし，日本政府は本気で国内での食料増産を図っているようにはみえない。表6.8に示された2010年度や2025年度を目標とした総合食料自給率（供給熱量）や主食用穀物自給率の値はすでに十分低い1980年のそれらの値を下回っている。「自動車輸出黒字の代償として，農業の犠牲はやむを得ない」という，国際貿易上の思惑優先でよいのであろうか。まずは，不必要な輸入をなかば強制しているミニマムアクセスを破棄する気概がほしい*。

　WTO発足後の国際的競争下では，たとえ割当てによる減反（2018年度から廃止の予定）はやめても，国内で生産される米のトータルの量は減少することが十分予想される。なぜなら，小規模な弱い農家が農業を離れ，そのことは一定程度，農業の効率化を促すかもしれないが，有利な農地での生産のみが残ることになるからである。そこで，減反を廃止するのみならず，保護措置が欠かせないものとなる。麦や大豆などの日本人にとって欠かせない基幹作物に関しても同様ではないか。

　農業保護について付言すると，日本は農業関係予算の国家予算比は1.8％で，欧米と比べて特に高くはない。フランス3.8％，ドイツ2.3％，アメリカ1.2％，イギリス0.6％である（いずれも2013年）（食料・農業・農村白書2014年度版）。また，6.1.4で述べたようにアメリカもEUも手厚く農業を保護している（ただし，アメリカはあまり小農保護的ではないが）。

　日本に限らず世界中で生産される量を増やすためには，競争一辺倒ではなく，中小農民も生き残れる共生の視点こそが必要なのである（コラム「小規模家族農業の価値」）。

コラム　小規模家族農業の価値

　2014年は国連が定めた「国際家族農業年」である。「家族農業」に焦点を合せた背景には，いっこうに減少しない世界の飢餓人口（①），大規模農業プロジェクトの波及効果への疑問（②），および自然資源劣化への懸念（③）などがある。

　まず，①についてであるが，飢餓の最大の原因は貧困であり，最も顕著にみられるのが，アフリカ，アジア等の小規模農業者である。これらの農業者の自立の支援が，貧困と飢餓の悪循環を断ち切るために最も必要とされるからである。

　②については，先進国が途上国などにおいて行う大規模農業プロジェクトはしばしば「地域コミュニティに対するメリットよりもデメリットの方が大きい」と批判されている。たとえば，現地住民向けではなく，輸出市場向け，またはバイオ燃料向けであったりして，むしろ投資受け入れ国の食料安全保障に脅威をもたらす可能性がある，また「創出される雇用の持続性に疑問」があり，単純労働でさえ，域外からの労働者に独占されるといった事例が，FAOの報告書[1]により指摘されているのである。

　③については，大規模集約化農業の方が土地，水，生物多様性などの自然資源の劣化をもたらす可能性が大きいという懸念であり，FAOの『食料と農業のための世界土地・水資源白書』[2]においても詳細に述べられている。

　上記のFAOの報告書においては，小規模経営の持つ価値について以下のような点を指摘している[3]。

　第一に，食料の供給に果たす小規模経営の役割が大きいという点である。全世界における小規模経営は少なくとも2億5千万戸存在し，耕作可能な農地の10％を利用しているにすぎないが，世界の食料の20％を生産している。この生産性の高さは，自営農業の場合の労働インセンティブの高さ，雇用労働力に依存する場合の取引・管理コストの高さによるものとされている。

　第二に，小規模経営の社会的な面での波及効果である。一般に労働集約的な小規模経営は雇用の吸収力が高い。特に，女性・高齢者といった，他の就業機会を得ることが難しい人びとにとって，重要な就業の場を提供している。

　第三に，小規模経営の持つさまざまな意味での安定性の高さである。自給的傾向の強い小規模経営は，血縁・地縁の互酬関係により生産物を共有し，食料危機等不安定な市場へのリスク対応を行う。また，農家から都市に出た者が都市において失職した際のセーフティネットとしての機能を果たす。さらに，小規模経営の収入の多様性，特に農外所得による経営の安定性が高く評価されている[4]。

　第四に，環境面における重要性である。集約的で専門特化した農業生産システムにおいては化学肥料，農薬の集約的使用や家畜の集約的飼養がしばしば深刻な生態系不均衡を引き起こすが，小規模経営は生物多様性の保存，在来種の保護といった面での貢献が大きい。そうした在来種の保護は，厳しい自然条件，干ばつ，熱帯性疫病といった事態によく適応しており，交配計画において貴重な遺伝資源となるものである。

　第五に，小規模経営の果たす，社会的・文化的重要性である。世界の多くの地域において小規模経営は，少数民族等，社会的な排除を受けてきた人びとに避難場所を提供してきており，また，多くの地域において芸術，音楽，ダンス，口承文学，建築など，バラエティに富んだ文化遺産を継承してきている。

1) FAO "Trends and impacts of foreign investment in developing country agriculture Evidence from case studies" 2012.
2) FAO "The State of the World's Land and Water Resources for Food and Agriculture" 2011.
3) 以下の記述は，原弘平「2014年国際家族農業年」（『農林金融』2014年1月号）を参考にしたものである。
4) たとえば，きわめて近代化が進んだオランダ農業においても農業経営の80％以上が男女の別を問わず農外賃労働に従事していたこと（計算上，所得の30〜40％が農外所得），フランスにおいてもフルタイムの農業経営の半数以上が「その他の有給活動」に従事していたこと，イタリアでは全農業経営の90％以上が多就業活動を行っていたこと，などが示されている。一方，フルタイムで農業生産に従事している専門特化した農業経営の多くが，近年の経済・金融危機においてきわめて脆弱であり，その多くが閉鎖に追い込まれたとの報告があげられている。

もちろん国際世論，とくにアメリカの説得が容易でないことは理解できるが，現時点での近視眼的なアメリカ追随の政策ではなく，中長期的な観点から国際社会に物申すべきであろう．

　もうひとつ，共生の観点から考え直すべきは農村と都市の関係である．農村と都市，そして文明との関係について，歴史学者シュペングラーはつぎのように述べている．「文化の初期時代が農村から都市の出生を意味し，その後期時代が都市といなかとの闘争を意味するとすれば，文明とは都市の勝利であって，文明はこれによって土から解放されるとともに，自ら没落していくのである」(O. シュペングラー／村松正俊訳：西洋の没落，五月書房 (1982))．このように，文明は都市化し，農村を荒廃させることによって没落していくことになるのか．しかし，ヨーロッパは歯止めがかかった．農村の保護や過疎化対策に力を入れ始めている (6.3.2 参照)．農地がつぎつぎつぶされている日本やアジア諸国はいつ歯止めがかかるのであろうか．工業化が世界的レベルで進み，飽和に近づいている昨今，工場を建て，都市化するほうが土地利用としては経済効率がよいとは，一体あとどれくらいいえるのであろうか．周辺に肥沃な農地があってこその都市であるはずだ．都市が農村を飲み込み，組み伏すのではなく，両者のバランスの取れた健全な発展を図ることは，地球の限界容量が取り沙汰されている今日こそ最も緊要な課題であり，そのモデルを示すことは，経済大国日本の責務であろう．

　＊それぞれの国と地域が土地と水を守り，食料の生産から消費に到る戦略と政策を主体的に決定できる権利のことを「食料主権」というが，日本のみならず，世界の貧困層を無くし，世界各地の農地や生態系を守るためにも，この考え方をこそ尊重すべきとの声が高まっている．

　2008 年の国連総会決議 63/187「食料に対する権利」では，「食料に対する権利をすべての人がいつでも享受することへのどんな否定的影響をも防止する必要性を心に留めて，とりわけ『食料主権』のようなさまざまな概念と，それらと食料安全保障や食料に対する権利との関係をさらに検討する必要性に留意する」と明記されたが，この決議には，米国だけが反対した．しかし翌年の総会で米国は反対せず，投票なしで採択された．

【参考文献】
FAO:『世界の食料ロスと食料廃棄』国際農林業協働協会 (2011)
FAO: FAOSTAT
金沢晋二郎：「化学と生物」34　779 (1996)
鈴木宣弘：『食の戦争　米国の罠に落ちる日本』文春新書 (2013)
農林水産省：食料需給表　http://www.maff.go.jp/j/zyukyu/fbs/ (2015 年 11 月 1 日取得)
農林水産省：日本の食料自給率　http://www.maff.go.jp/j/zyukyu/zikyu_ritu/012.html (2015 年 11 月 1 日取得)
農林水産省：海外食料需給レポート　http://www.maff.go.jp/j/zyukyu/jki/j_rep/ (2015 年 11 月 1 日取得)
J. Elliott et al.: "Constraints and potentials of future irrigation water availability on agricultural production under climate change" *PNAS 111* (9), 3239 (2014)

L. F. Konikow: "Groundwater Depletion in the United States (1900-2008)", U. S. Geological Survey, Scientific Investigations Report 2013-5079 (2013)。

C. Rosenzweig and M. L. Parry: "Potential impact of climate change on world food supply" *Nature 367*, 133 (1994)

M. C. Rulli et al.: "Global land and water grabbing" *PNAS 110* (3), 892 (2013)

S. Wilkinson: *J Exp Bot* 63 (2) 527 (2012)

J. D. Wright and C-Y. Wang: NCHS Data Brief No49 Nov. (2010)

UNEP: Child Pesticide Poisoning: Information for Advocacy and Action (2004)

UNEP: "Assessing the Environmental Impacts of Consumption and Production: Priority Products and Materials" A Report of the Working Group on the Environmental Impacts of Products and Materials to the International Panel for Sustainable Resource Management. E. Hertwich et al. (2010)

United Nations: World Population Prospects, the 2015 Revision

7　安全面からみた食生活—質的問題—

　私たちは生きていくために「食べる」ことを欠かすことができない。それゆえ，私たちが毎日食べている食品（食物）が安全かどうか，関心をもつ人は多いといえよう。一方，近年，食の安全にかかわる事件や事故があとを絶たない（表7.1）。

　私たちが口にする食品は安全であることが当然の第一条件である。しかしながら，食品はどのような食品でも，健康に悪影響（**危害***）与える可能性が，わずかながらも含まれているといえる。

　食品にはどのような種類の危害（要因）があるのかを知り，それをどのようにすれば防ぐことができるのか，また，食の安全を守るために，安全対策がどのようなしく

* **危害(要因)の種類**
① 生物学的危害（経口感染症，細菌性食中毒，寄生虫など）
② 化学的危害（食品添加物，農薬，放射性物質など）
③ 物理的危害（異物，害虫など）

表7.1　近年の食の安全に関する主な出来事

2002年9月	国内で初めてのBSE感染牛が発見され，食肉消費に大きな影響
2002年12月	中国産冷凍ホウレンソウの1割弱が残留農薬基準値（クロルピリホス等）を超過する事実が判明
2003年2月	大手食品メーカーによる牛肉の原産地などの不正表示問題が発覚 その後，食品の不正表示事件が次々と表面化
2003年8月	無登録農薬「ダイホルタン」が違法に輸入，販売，使用され，32都県で農産物を回収，廃棄
2004年5月	カナダでBSEが発生
2004年7月	食品安全基本法の制定 食品安全委員会の発足
2004年12月	米国でBSEが発生
2005年2月	BSE発生国の牛のせき柱を含む食品等の製造，加工，販売などを禁止
2006年12月	食品安全委員会委員長が米国・カナダ産牛肉の食品健康影響評価について，厚生労働大臣及び農林水産大臣へ答申
2007年5月	残留農薬等のポジティブリスト制度の導入。
2009年1月	中国産冷凍ギョーザにより有機リン中毒事案が発生
2009年9月	米の販売・加工業者が非食用米穀を食用に転売していたことが判明 大手食品メーカーが中国から輸入した加工食品の原材料の一部に，メラミン混入が確認され，商品を自主回収
2010年9月	消費者庁の発足。 飲食チェーン店において，結着等の加工処理を行った食肉の加熱が不十分であったため，腸管出血性大腸菌O157食中毒事件が広域に発生
2011年3月	東京電力㈱福島第一原子力発電所の事故後，食品中の放射性物質の暫定規制値を設定
2011年4月	飲食チェーン店において，牛肉の生食による腸管出血性大腸菌O111食中毒事件が発生
2011年10月	生食用牛食肉の規格基準を設定
2012年4月	食品中の放射性物質の基準値を設定
2012年7月	牛肝臓の基準を設定し，生食用としての販売を禁止
2012年8月	浅漬を原因とする腸管出血性大腸菌O157食中毒事件が発生
2013年2月	BSE対策の見直しに伴い月齢基準等の改正
2013年12月	国内にて製造された冷凍食品から農薬（マラチオン）が検出され，商品を自主回収
2014年4・5月	管理運営基準ガイドライン等にHACCPに関する基準を設定
2014年7月	中国の食品加工会社が期限切れ鶏肉を使用した製品を製造しているとの報道
2014年9月	野生鳥獣肉の衛生管理に関する指針（ガイドライン）を策定
2014年11・12月	ハンバーガー，インスタント焼きそば，冷凍パスタなど，数多くの食品から，虫など異物混入が続き報道
2015年4月	食品表示法の施行 「機能性表示食品」の制度創設
2015年6月	豚の食肉（内臓含む）を生食用として販売・提供を禁止

出所：厚生労働省医薬食品局食品安全部：食品の安全確保に向けた取り組み（2015）
　　　一部追記

みで行われているのか，正しく理解することは，安全な食生活を送る上で重要である。

7.1 飲食による健康被害
7.1.1 食中毒

食中毒とは飲食を通じて起こる比較的急性の健康障害の総称である。食中毒は，その原因物質によって微生物性食中毒，自然毒食中毒，化学物質による食中毒，その他，原因不明なものに分類される（表7.2）。

食中毒を起こす細菌は，食品中で増殖していても見た目，におい，味が変わらない。また，食中毒菌は身近にも存在しており，家庭でも発生している。食中毒について原因や特徴などを理解し，予防に努めることは食品衛生上とても重要なことである。

(1) 食中毒の発生状況

食中毒の発生状況については，厚生労働省より食中毒統計として毎年公表されている。病因物質として，細菌，ウイルス，自然毒，化学物質，寄生虫があり，2013年より，それまでその他として分類されていた寄生虫が加わった。主な病因物質の特徴を表7.3に示す。

食品衛生法により，食中毒患者を診察した医師は保健所への届け出が義務付けられている。食中毒統計は，届け出を受けた保健所の調査結果（食中毒の原因食品や病因物質など）が都道府県を経て，厚生労働省に報告され集計されたものである。実際には症状が出るまで数週間かかり食中毒と断定されなかったり，食中毒にかかっても症状が軽くて医師にかからないこともあり，食中毒の実数は統計上の値よりも多いことが推測される。しかし，食中毒統計により，おおよその傾向を知ることはできる。

食中毒統計によると，2014年の食中毒事件数は976件，患者数は19355人，死者数2人であった。事件数，患者数ともに細菌とウイルスによる食中毒が全体の大部分

* **食品衛生法**「食品の安全性の確保のために公衆衛生の見地から必要な規制を講じることにより，飲食に起因する衛生上の危害の発生を防止し，もって国民の健康の保護を図ること」を目的としており，食品，添加物，器具や容器包装の規格基準，表示および広告等，営業施設の基準，又その検査などについて規定している。

表7.2 食中毒の分類

微生物性	細菌性	感染型	…体内での原因菌増殖により発症	
			サルモネラ属菌，リステリア，腸炎ビブリオ，カンピロバクター，その他の病原性大腸菌，コレラ菌，赤痢菌，チフス菌など	
		毒素型	…原因菌が産生する毒素により発症	
			食品内毒素型	…食品内で毒素産生
				黄色ブドウ球菌，ボツリヌス菌，セレウス菌（嘔吐型）など
			生体内毒素型	…体内で毒素産生
				腸管出血性大腸菌，腸管毒素原性大腸菌，ウェルシュ菌*，セレウス菌（下痢型）など
	ウイルス性		ノロウイルス，A型肝炎，E型肝炎ウイルスなど	
自然毒	動物性		フグ毒，貝毒，シガテラ毒，など	
	植物性		キノコ毒，毒草，カビ毒，ソラニン（ジャガイモの芽中），メチルピリドキシン（ギンナン中）など	
化学物質			ヒ素，メチル水銀，カドミウム，放射性物質，鉛，農薬，ヒスタミンなど	
寄生虫			アニサキス，クドア，サルコシスティス，回虫など	

*ウェルシュ菌は感染型に分類されることもある。

表7.3　主な病因物質の特徴

病因物質名	原因食品・感染源	発症までの時間	主な症状
サルモネラ属菌	卵, 卵の加工品, 鶏肉, 牛レバーなど	8～48時間	腹痛, 下痢, 嘔吐, 発熱
腸炎ビブリオ	刺身, 寿司, 魚介加工品など	8～24時間	腹痛, 激しい下痢, 吐気, 発熱, 嘔吐
ウェルシュ菌	煮込み料理（カレー, 煮魚, 麺のつけ汁, 野菜煮つけなど）	8～12時間	下痢, 腹痛
カンピロバクター	鶏肉, 鶏レバー, 豚肉, 豚レバーの加熱不十分	2～7日	腹痛, 激しい下痢, 発熱, 嘔吐, 筋肉痛
リステリア	ナチュラルチーズ, 生ハム, スモークサーモン, 肉や魚のパテなど	数時間～3週間	発熱, 頭痛, 悪寒, 嘔吐
セレウス菌	肉類, スープ類, 焼き飯, ピラフなど	嘔吐型 1～5時間　下痢型 8～15時間	嘔吐型　吐気, 嘔吐, 腹痛, 下痢　下痢型　下痢, 腹痛
黄色ブドウ球菌	手指の化膿巣, 握り飯, 弁当など	1～5時間	吐気, 嘔吐, 腹痛, 下痢
ボツリヌス菌	缶詰, 瓶詰, 真空パック, レトルト類似食品など	8～36時間	めまい, 頭痛, 言語障害, 呼吸困難
腸管出血性大腸菌	牛肉, 牛レバーの加熱不十分	1～14日	下痢（血便含む）, 腹痛, 発熱, 嘔吐
ノロウイルス	二枚貝（カキなど）	24～48時間	吐気, 嘔吐, 激しい下痢, 発熱, 嘔吐
貝毒	ホタテガイ, ムラサキガイ, アサリ, カキなど	30分～数時間	麻痺, 水様下痢, 嘔吐, 吐き気, 腹痛
フグ毒	ふぐの肝臓, 卵巣など	20分～1時間	嘔吐, しびれ, 麻痺　呼吸困難
キノコ毒	ツキヨタケ, クサウラベニタケ, カキシメジなど	種類により異なる	嘔吐, 腹痛, 下痢, 痙攣, 昏睡

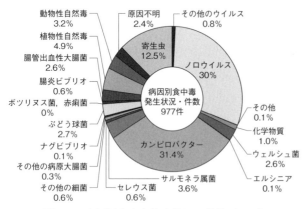

図7.1　病因別食中毒発生状況・件数（2014）

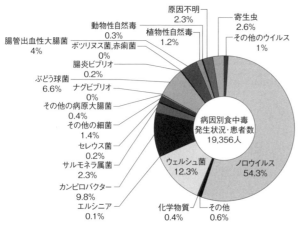

図7.2　病因別食中毒発生状況・患者数（2014）

を占め, (図7.1, 7.2)。毎年, 事件数ではカンピロバクターとノロウイルスのどちらかがトップ, 患者数ではノロウイルスがトップである。また, 原因施設は例年, 飲食店が最も多く, 次いで仕出屋, 旅館が上位を占める。主な食中毒発生状況過去14年間の年次変化を図7.3, 7.4に示した。原因食品別にみると, 原因が判明した中では複合調理食品, 魚介類, 肉類及びその加工品が上位を占めている（図7.5, 7.6）。

(2) 食中毒と季節

細菌性食中毒のピークは, 夏に多く発生している。一方, ウイルス性食中毒のピークは細菌性食中毒とは逆に, 冬に多く発生している（図7.7）。

化学性食中毒は季節と関係なく発生するが, 自然毒食中毒は食材の旬とかかわることから, きのこなどの植物性自然毒は秋, ふぐなどの動物性自然毒は冬と季節との関係が深い（図7.8）。

7 安全面からみた食生活―質的問題―

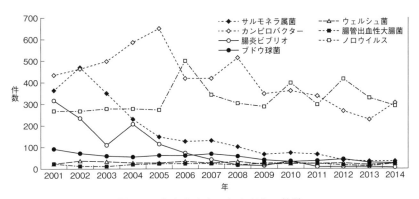

図 7.3　主な食中毒の年次変化・件数

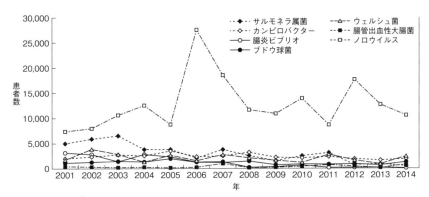

図 7.4　主な食中毒の年次変化・患者数

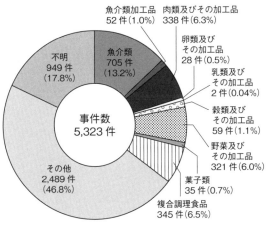

図 7.5　原因食品別食中毒発生状況・件数（2010～2014 年合計）

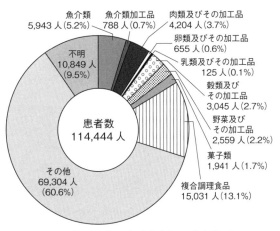

図 7.6　原因食品別食中毒発生状況・患者数（2010～2014 年合計）

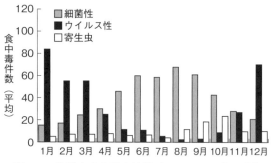
図7.7 月別食中毒発生件数（2010〜2014年平均）

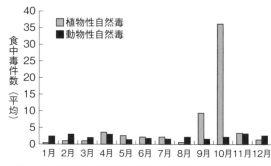
図7.8 月別食中毒発生件数（2010〜2014年平均）

経口感染症 病原微生物がヒトの体に侵入して増殖し、それに対して体が反応した状態を感染、その疾病を感染症という。病原体がヒトの体に入る侵入経路として口から感染して発症するものを経口感染症という。

(3) 食中毒と経口感染症*

一般に食中毒は、原因菌が飲食物中で増殖することにより発病することが大きな特徴である。一方、経口感染症は、ごく微量の菌で発病し、ヒトからヒトへ感染する点に違いがあり、従来、両者は異なる扱いであった。

しかし近年、食中毒菌の中でも、サルモネラ属菌、腸管出血性大腸菌O157、カンピロバクターはごく少量でも感染することが明らかとなり、強い感染力をもつノロウイルスのようにヒトからヒトへ感染するものも確認され、経口感染症と食中毒との区別が明確でなくなってきた。

7.1.2　細菌性食中毒

細菌性食中毒は、微生物性食中毒の一種であり、感染型と毒素型に分けられる。さらに毒素型は食品内毒素型と生体内毒素型に区分することができる。

感染型食中毒は食品中に増殖した原因菌を食品とともに摂取した後、原因菌が腸管内でさらに増殖して中毒症状を起こす（サルモネラ属菌、腸炎ビブリオ、リステリア、エルシニアなど）。

毒素型食中毒は細菌が生産する毒素により中毒症状を起こす。食品内で原因菌が増殖し産生された毒素が原因物質となる食品内毒素型（黄色ブドウ球菌、ボツリヌス菌、セレウス菌（嘔吐型）など）と、摂取された生菌が腸管内で増殖し、産生する毒素が原因物質となる生体内毒素型（腸管出血性大腸菌、ウェルシュ菌、セレウス菌（下痢型）など）がある。

細菌性食中毒の予防

「食材（食品）は汚染されているもの」とするのが、食品衛生の考え方であり、食中毒予防の三原則は、食中毒菌を「付けない、増やさない、殺す」である。

1) 付けない（清潔、汚染させない）

生肉や生魚に付着していた微生物が手指や調理器具を介してほかの食品を汚染（2次汚染）し、食中毒を起こすことがある。手指や調理器具は常に清潔にし、汚染を広げないよう、肉・魚用、野菜・果物用など器具は使い分ける。

2次汚染 肉や魚など多くの原材料は、食中毒菌やその他の微生物に汚染されていると考えられ、このような環境由来の汚染を一次汚染という。
食品を汚染している微生物が、包丁、まな板などの調理器具や、人の手などを汚染し、これらを介して、他の汚染されていない食品を汚染させることを2次汚染という。

2) 増やさない（迅速，温度管理）

① 食中毒菌の多くは，室温でも時間の経過とともに増殖する。調理した食品はできるだけ早く食べる。残った場合は早く冷蔵庫に入れ，なるべく早く食べきる。時間が経過したものは，再度加熱して食べる。

② 4℃以下での保存は，一部の菌（エルシニア，リステリアなど）を除き，食中毒菌はほとんど増殖しない。食品を保温する場合は，65℃以上で保存する。

3) 殺す（加熱）

冷蔵や冷凍では，細菌の増殖は抑えられても，死滅はほとんどしない。

大部分の食中毒菌は熱に弱いので，食品の中心まで十分に加熱（75℃以上，1分以上，ノロウイルスは85℃以上，1分半以上）することにより殺菌できる。調理済み食品を温めるだけなどの殺菌として不十分な再加熱はしない。

芽胞は調理加熱では死滅せず，毒素も熱に強いので，注意が必要である。

7.1.3 ウイルス性食中毒

ウイルスは微生物の一種であるが細菌とは異なり，食品中では増えず，ヒトの腸管の中でしか増殖できない。食中毒の病因物質としては，1997年から加えられ，統計上はノロウイルスとその他のウイルスの2項目である。これらの中で食中毒の原因となるのは，ほとんどがノロウイルスである。

ノロウイルスは2001年以降，日本で発生する食中毒の中で，病因物質別の患者数が最も多い。ノロウイルスは非常に感染力が強く，汚染食品からの経口感染以外にも，糞便や嘔吐物からの2次感染，ヒトからヒトへの直接感染などもある。よって，感染予防には手洗いやうがいが，簡単ではあるが最も効果的である。

7.1.4 自然毒食中毒

生物の体内に自然に含まれる有毒成分を自然毒という。自然毒は動物性自然毒（フグ毒，シガテラ毒，イシナギ，貝毒など）と植物性自然毒（キノコ毒，毒草，バレイショ，ギンナン，青梅など）に分けられる。

(1) 動物性自然毒

動物性自然毒による食中毒は，全て魚介類が原因である。フグのように常に有毒物質があるものと，二枚貝・巻き貝などのように産地，年次，季節などによって異なるものがある。

フグ毒は，動物性自然毒による食中毒の中で最も多く発生し，死亡率が高い。フグの毒はテトロドトキシンという神経毒で，卵巣や肝臓などの内臓にある。海洋細菌に由来する食物連鎖により毒化するものと考えられている。フグの種類・部位・季節によって毒力が異なり，同じ種類でも個体差が大きい。この毒素は，熱や酸に対して安定で，通常の加熱調理では無毒化されない。

フグ毒の主な症状は，食後20分～1時間以内で口唇や舌のしびれを起こし，その後，頭痛，腹痛，吐き気，嘔吐，歩行起立困難，言語障害，呼吸困難などが現れる。

芽胞
・ウェルシュ菌やボツリヌス菌，セレウス菌などの特定の菌が作る細胞構造の一種。
・生育環境が増殖に適さなくなると，菌体内に形成する。
・芽胞は加熱や乾燥などの過酷な条件に対して強い抵抗性を持ち，発育に適した環境になると，本来の形である栄養細胞となって再び増殖する。

フグの処理については，その防止のため，ふぐ調理師免許を受けた者しか従事できない。自分で釣ったフグを素人判断で料理するのは大変危険である。

(2) 植物性自然毒

植物性自然毒による食中毒では，毒キノコによるものが全体の90％以上を占め，その大部分は採取したキノコ*を自己流で鑑定して食べた結果，発生したものである。

2004年から2013年の10年間に日本全国で，557件のキノコ食中毒が発生し，1668人の患者と9人の死者を出している。キノコ食中毒の原因を種類別にみると，ツキヨタケ48％，クサウラベニタケ19％，カキシメジ3％であり，この3種類*の毒キノコで全体の約7割を占めている。

症状は，下痢・腹痛を起こす胃腸型と，視力障害・言語障害・興奮などの脳症型に大別され，場合によっては死に至ることもある。また，キノコ食中毒の約9割が家庭で発生している。キノコによる食中毒を防ぐにはキノコの名前と食用であることを確認することが大切で，採取したキノコを正しい鑑定をせずに，素人判断で料理するのは大変危険である。

植物の新芽，若葉や根，実など一部分を見ただけでは，有毒植物と食用植物とを見分けることが難しい場合がある。山菜と間違って，有毒な植物を食べて食中毒が発生している。2005年から2014年の10年間に，202件の有毒植物による食中毒が発生し，973人の患者と7人の死者を出している。

7.1.5 化学性食中毒

化学性食中毒は，本来食品中に含まれていない有毒な化学物質の摂取によって起こる食中毒で，急性または慢性の中毒がある。化学性食中毒は，発生件数は非常に少ないが，発生すると大規模な事件に発展するとともに，死に至ったり，後遺症を残す結果となることもある。また，微生物や自然毒と異なり，季節や食品の種類などに関連して発生する傾向は見られない。

主な原因物質として，ヒスタミン，メタノール，ヒ素，鉛，銅，亜鉛，錫，カドミウム，ホウ酸，ポリ塩化ビフェニル（PCB），メチル水銀，ホルマリン，農薬などがある。

化学物質による食中毒の主な発生原因はつぎの通りである。

①食品添加物などの不適正な使用，②食品の製造，加工過程で混入，③器具，容器包装からの溶出，④食品中での生成，⑤環境汚染物質による食品汚染

(1) アレルギー様食中毒

遊離ヒスチジン含量の多い赤身の魚（サバ，イワシ，アジ，マグロ，カツオなど）およびその加工品が，モルガン菌（*Morganella morganii*）などのヒスチジン脱炭酸酵素を有する細菌に汚染され，この細菌の作用により魚肉中のヒスチジンから生成されたヒスタミンを摂取することによって，アレルギー様症状（顔面紅潮，じんましん，発汗，頭痛，吐き気などの症状）が起こる食中毒である。

潜伏時間は食事直後から1時間と早く，症状は比較的軽いが，重症の場合は呼吸困

---

* 日本には少なくとも約5000種のキノコがあるといわれているが，まだ十分わかっていない。日本でとれるキノコの内で正式な名前の付いているものは，約3分の1ともいわれている。

* ツキヨタケはヒラタケ，ムキタケ，シイタケなどに，クサウラベニタケはウラベニホテイシメジ，ホンシメジ，ハタケシメジなどに，カキシメジはチャナメツムタケ，マツタケモドキなどに間違えられ誤食される。

* 海にも中温性と低温性2種の好塩性ヒスタミン生成菌が存在することが分かってきた。

難や意識不明になることもある。アレルギー様食中毒は原因物質がヒスタミンであるため，日本では化学性食中毒に分類されている。

一般に，ヒスタミンが100g中100mg以上生成されると，健康なヒトでもアレルギー様食中毒を起こすことが知られているが，これまでの食中毒の事例から算出した例では，大人一人当たり22～320mgと報告されている。

ヒスタミンは通常の加熱調理では無毒化されない。このため，仕入れ時にヒスタミンが増加していると調理しても防げないこともある。鮮度の良い魚を選ぶこと，仕入れ時の検品や，常温放置をせず温度管理を徹底することなどが予防につながる。

(2) 環境汚染物質による食中毒

1) ヒ　素

1955年中国・関西地区を中心に多発した調整粉乳による中毒事件の原因物質である。粉ミルクの安定剤として添加されたリン酸水素カリウム中に不純物質としてヒ素が混入していたため起こった。下痢，発熱，肝障害などの症状を引き起こした。当時の患者数は12,131人，死亡者は130人にのぼった。

2004年7月，英国食品規格庁はひじきは無機ヒ素を多く含むので食べないようにという勧告を出した。海藻類，特にひじきにはヒ素が多く含まれている（表7.4）。健康被害としては有機ヒ素よりも無機ヒ素のほうが問題であるが，ひじきに含まれるヒ素は水に溶出しやすいことがわかっており，乾燥ひじきを使って調理するときは次の点に注意して調理することで，無機ヒ素を36～68%減らすことができる*。

① 茹でるときは水戻ししてから茹でる。乾燥ひじきはたっぷりの水で30分以上水戻ししてから調理する。温度が高いと効果的である。② 水戻しした後は，ボウルに入れた水で2～3回洗い，よく水気を絞る。③ 水戻しに使った水は，調理には使わない。なお，「生ひじき」や缶詰のひじきは改めて水戻しする必要はないが，調理する前に水でよく洗ってから使うと良い。

2014年1月現在，食品安全委員会では，通常の食生活における摂取で健康に悪影響が生じたことを明らかに示すデータは確認されておらず，現状の食生活におけるヒ素の摂取に問題があるとは考えていないとしている。

2) 水　銀

1956年頃熊本県水俣湾で，1965年頃新潟県阿賀野川流域で起きた水俣病の原因物質である。工場排水の**メチル水銀**が魚介類を汚染し，これを摂取することにより，四肢のしびれ，歩行障害，言語障害などの症状を引き起こした。

毒性は中枢神経系に対する影響が最も典型的なものであり，発達中の胎児の中枢神経が最も影響を受けやすいことが知られている。自然界に存在する水銀は食物連鎖により魚にとりこまれることから，厚生労働省では妊婦に対して摂取指導を行ってい

*　1食に食べるひじきを乾燥重量で5g程度として，水戻しにより無機のヒ素が50%に減少したとすると，体重50kgの人が週に3回以上（1回当たり乾燥重量5g程度として），ひじきを食べなければ，暫定的耐用週間摂取量（（厚生労働省では，ヒ素の暫定的耐用週間摂取量を15μg/kg体重/週としている）を超えることはない。

表7.4　乾燥ひじきのヒ素含有量（平均値）

	総ヒ素	有機ヒ素	無機ヒ素
乾燥ひじき	82.5mg/kg	19.4mg/kg	63.1mg/kg

（n=10，国産7，韓国産2，中国産1，産地による違いは無）
出所：東京都福祉保健局：「食品衛生の窓」

メチル水銀
有機水銀化合物の一種であり，水銀がメチル化された化合物である。

表7.5 妊婦が注意すべき魚介類の種類とその摂取量（筋肉）の目安

魚介類	摂食量（筋肉）の目安
バンドウイルカ	1回約80gとして妊婦は2ヶ月に1回まで（1週間当たり10g程度）
コビレゴンドウ	1回約80gとして妊婦は2週間に1回まで（1週間当たり40g程度）
キンメダイ メカジキ クロマグロ メバチ（メバチマグロ） エッチュウバイガイ ツチクジラ マッコウクジラ	1回約80gとして妊婦は週に1回まで（1週間当たり80g程度）
キダイ マカジキ ユメカサゴ ミナミマグロ ヨシキリザメ イシイルカ クロムツ	1回約80gとして妊婦は週に2回まで（1週間当たり160g程度）

参考：1) マグロの中でも、キハダ、ビンナガ、メジマグロ（クロマグロの幼魚）、ツナ缶は通常の摂食で差し支えありませんので、バランス良く摂食してください。
2) 魚介類の消費形態ごとの一般的な重量は以下のとおりです。
寿司、刺身　一貫または一切れ当たり15g程度
刺身　　　　一人前当たり80g程度
切り身　　　一切れ当たり80g程度

出所：厚生労働省：妊婦への魚介類の摂食と水銀に関する注意事項について（2010）

る。注意が必要な魚は、バンドウイルカ、コビレゴンドウ、クロマグロ、メバチマグロ、メカジキ、キンメダイ、キダイ、マカジキ、クロムツなど16種があげれら、摂取の目安も公表している（表7.5）。

3）カドミウム

1960年頃富山県神通川流域で発生したイタイイタイ病の原因物質である。工場廃液の高濃度のカドミウムが飲料水や農作物を汚染し、腎障害、骨軟化症、歩行障害などの症状を引き起こした。

カドミウムは土壌又は水など環境中に広く存在するため、米、野菜、果実、肉、魚など多くの食品に含まれている。日本においては米から摂取する割合が最も多く、日本人のカドミウムの1日摂取量*の約4割は米から摂取されているものと推定されている。

2007年の食品安全委員会の食品健康影響評価によると、日本人の食品からのカドミウム摂取量の実態については、

表7.6 食品中のカドミウムの基準値

食品		基準値
米（玄米及び精米）		0.4 mg/kg（ppm）以下
清涼飲料水 （ミネラルウォーター類を含む）	原水	0.01 mg/L以下
	製品	検出してはならない
粉末清涼飲料		検出してはならない

* 食品からのカドミウムの摂取割合　米46.5％、魚介12.8％、野菜・海草12.4％、雑穀・芋12.4％、有色野菜5.2％、豆・豆加工品3.5％、加工食品3.5％、その他3.5％

耐容週間摂取量（PTWI）
環境汚染物質等の非意図的に混入する物質について、人が生涯にわたって毎日摂取し続けたとしても、健康への悪影響がないと推定される1週間当たりの摂取量のことである。
通常、一日当たり体重1kg当たりの物量（mg/kg体重/日）で表される。

21.1 μg/人/日（日本人の平均体重53.3kgで2.8 μg/kg体重/週）であったことから、**耐容週間摂取量**の7 μg/kg体重/週よりも低いレベルにあり、一般的な日本人の食品からのカドミウム摂取が健康に悪影響を及ぼす可能性は低いと考えられている。

カドミウム濃度の高い食品を長年にわたり摂取すると、近位尿細管の再吸収機能障害により腎機能障害を引き起こす可能性がある。また、鉄欠乏の状態では、カドミウム吸収が増加するという報告もある。カドミウムの基準値は表7.6の通りである。

(3) 誤飲による食中毒

洗剤や漂白剤などをペットボトルなどの食品容器に詰め替えたり、調味料と同じ場所に保管しているため、調味料や飲料と誤って飲んでしまうことで起こる食中毒が、家庭や飲食店で発生している。誤飲による食中毒を防ぐには、つぎのことに注意する。

① 洗剤や漂白剤などは食品容器に詰め替えない。② やむをえず詰め替える場合は，調味料などとは違う形の容器を使い，明確に表示する。③ 洗剤や漂白剤などと調味料は違う場所に保管する。④ 使用前にラベルを確認する。⑤ 保管場所を決めて守る。⑥ 漂白中や洗浄中の場合は，大きく表示する。

7.1.6 寄生虫症

生体の体内に寄生し，その生体から栄養をとって生活している動物を寄生虫という。寄生虫は宿主に対し，種々の健康障害を起こさせ，ときに生命を危険な状態に至らせることもある。

寄生虫症の予防するには，野菜類はよく洗い，加熱調理する。肉や魚の生食はできるだけ避け，しっかりと加熱をする。また，これらの食品を冷凍することにより，寄生虫を殺すことができる。

(1) 寄生虫症の発生状況

飲食物を介しヒトに感染する寄生虫による食中毒は，細菌性やウィルス性の食中毒に比べると発生件数や患者数は少ないが，2010年以降，増加傾向にある。これまで原因不明とされていた食中毒の中で，**クドア**，**サルコシスティス**によるものがあることが近年わかり，寄生虫の分類に新しく加わった。主な寄生虫を表7.7に示した。

従来，寄生虫による食中毒では，アニサキスによるものが大半を占めていたが，2013年，2014年と，患者数ではクドアが，アニサキスを抜きトップであった。

クドア・セプテンプンクタータ Kudoa septempunctata 近年明らかとなった。ヒラメの生食が原因とされ，夏から秋に多く発生する。症状は軽く，一過性の下痢や嘔吐で，24時間以内に完治する。−20℃で4時間以上冷凍（冷凍）するか，90℃で5分間加熱することで死滅するが，活魚としての商品価値を落とさずに失活させる方法はまだ見つかっていない。

サルコシスティス・フェアリー Sarcocystis fayeri 馬の生肉が原因とされる。軽い消化器症状で速やかに回復する。−20℃で48時間以上冷凍（冷凍）することで死滅する。国内に流通する多くの生食用馬肉は，生産地で冷凍してから出荷するなどの対策がとられている。

表7.7　食中毒の原因となることがある主な寄生虫

	主な寄生虫名	主な原因食品	ヒトへの影響
魚介類を介するもの	アニサキス※	さけ，さば，さんま，するめいかなど	激しい腹痛，吐き気，おう吐など
	クドア	ヒラメの生食	一過性の下痢，おう吐など
	日本海裂頭条虫	サケ，マス類（特に「トキシラズ」と呼ばれるシロザケ）	下痢，腹部膨満感など
	旋尾線虫	ホタルイカ※の生食	腸閉塞などの消化器症状や，幼虫が皮下を移動するのに伴うみみずばれ
	横川吸虫	シラウオ，アユ，ウグイの生食	腹痛，下痢など
肉※※を介するもの	トキソプラズマ	ブタ，ヒツジ，ヤギなどの肉の生食	妊娠中に初感染した場合，流死産や，出生児に視力障害，脳性まひなどが起きる場合がある
	旋毛虫（トリヒナ）	イノシシやクマなどの野生鳥獣肉の生食（国外ではブタ肉など）	幼虫の全身移行に伴う筋肉痛，発熱など脳炎，心筋炎などで重篤となる場合もある
	サルコシスティス※	馬肉※の生食	一過性の下痢，腹痛，おう吐など
飲料水，野菜，果物などを介するもの	クリプトスポリジウム	ヒト，動物のふん便を介して汚染された水，食品	激しい水様性下痢，腹痛など　免疫力の弱い人は重症・長期化する
	回虫	虫卵が付着した野菜の生	腹痛，おう吐，下痢など

※　近年は，冷凍して虫を死滅させたものが市場等に流通している。
※※　「と畜場法」，「食鳥処理の事業の規制及び食鳥検査に関する法律」に基づき，食肉（牛，馬，豚，めん羊，山羊），食鳥（鶏，あひる，七面鳥）は検査が行われ，寄生虫症であると判明した食用肉については廃棄措置等がとられる。

出所：東京都福祉保健局：ご存知ですか？寄生虫による食中毒（2014）
　　　一部追記

1）アニサキス *Anisakis*

アニサキスは，サバ，サケ，ニシン，スルメイカ，イワシ，サンマ，ホッケ，サワラ，キンメダイ，メジマグロ，アイナメなど，約150種以上の魚介類に寄生している。

また，通常の料理で用いる程度の食酢，ワサビ，しょう油では死滅しない。

アニサキスを予防するためには，次のことに注意が必要である。

① 中心部まで十分加熱する（60℃，数秒で死滅）。② 中心部まで−20℃で24時間以上冷凍する。③ 魚介類を生食する際には，より新鮮なものを選び，早期に内臓を除去し（常温だとアニサキスが内臓から筋肉に移動するため），低温（4℃以下）で保存する。④ アニサキスを意識して，魚をよく見て調理する。特に，内臓に近い筋肉部分（ハラス）を調理する際は注意する。⑤ なめろう等を調理する際は細かく刻む（アニサキスは，傷を受けると胃や腸壁への侵入性が著しく低下するため）。

7.2 食品中の汚染物質

7.2.1 カビ毒（マイコトキシン）

カビ毒とは一部のカビが穀類などの農産物や食品等に付着，増殖して産生する有害な化学物質（天然毒素）で，「マイコトキシン（mycotoxin）」ともいう。

一般に，カビ毒は耐熱性があることから，加工・調理の段階で多くの低減が望めないため，農作物の生産，乾燥，貯蔵などの段階で，カビの増殖やカビ毒の産生を防止することが重要である。カビ毒の例としては，アフラトキシン類，デオキシニバレノール，ニバレノール，パツリン，オクラトキシンAなどがある。

a アフラトキシン*

Aspergillus flavus の産生するカビ毒である。1960年イギリスで七面鳥の飼料がこのカビ毒に汚染され，10万羽以上の死亡事故を起こした。

アフラトキシンはヒトや動物に毒性を示し，アフラトキシン B_1 は最も強力な発がん物質である。日本ではピーナッツおよびピーナッツ製品，アーモンドなどのナッツ類やジャイアントコーンに暫定規制値（アフラトキシン B_1 を10.0ppb以下）が設けられている。アフラトキシンは熱に強く，通常の加熱調理では分解されない。

> アフラトキシン B_1，B_2，G_1，G_2 や B_1，B_2 の生体内代謝産物として M_1，M_2 などがある。

b デオキシニバレノール（DON）とニバレノール（NIV）

デオキシニバレノール（DON）とニバレノール（NIV）は，どちらも，麦類などで赤カビ病の原因となるフザリウムというカビが作り出す同一グループのカビ毒の一種で，化学的な構造がよく似ている。DONの汚染例は，日本を含む世界の温帯各地で，主に麦やトウモロコシでみられる。一方，NIVの汚染例については，世界的にはDONほどは問題とはなっていないが，日本においては麦類で報告されている。

DONとNIVに汚染された食品を一度に大量に食べた場合，いわゆる急性毒性として，嘔吐や食欲不振などがみられる。一方，急性毒性を示さない程度の量を長期間にわたって摂取する場合，慢性毒性として，免疫系に影響があることがわかっている。

一般的な日本人における食品からの DON および NIV 摂取が健康に悪影響をおよぼす可能性は低いと考えられている。

　c　パツリン

りんご果汁を汚染するカビ毒として国際的にも規制の対象とされている。台風などでりんごが地上に落果して傷が付き，土壌中にいるペニシリウム属またはアスペルギルス属の一部のカビが，損傷部から侵入し，果実の中で増殖してパツリンを産生する。

動物試験では，短期毒性として消化管の充血，出血，潰瘍等の症状が認められ，また，長期毒性として体重増加抑制等の症状が認められている。

日本では，りんごジュースおよび原料用りんご果汁について，パツリンの基準値（0.050 ppm 以下）が定められている。

　d　オクラトキシン A

アスペルギルス属およびペニシリウム属（アオカビ）の一部のカビが産生するカビ毒である。穀類，豆類，乾燥果実，飲料等いろいろな食品から検出されている。動物試験などで，肝臓や腎臓への毒性が確認されている。

日本では食品の基準値は設定されていないが，コーデックス委員会＊では，小麦，大麦及びライ麦について基準値（5 μg/kg 以下）を設定している。

＊ 7.8.3 注釈欄参照

7.2.2　農　　薬

農薬とは，病害虫や雑草の**防除**に使われる殺菌剤，殺虫剤や除草剤，農作物の成長調整剤など，農林業に使用される薬剤のことである。化学薬剤の他に，病害虫の天敵となる生物や細菌を人工的に増殖させて作った生物農薬などもある。

農薬は，農薬取締法によって登録制度が設けられ，製造，販売，使用などについて規制されている。また，食品衛生法によって残留基準値が設定され，規制されている。

農薬による中毒の原因としては，誤飲や意図的による飲用，農業作業者の農薬使用による**暴露**，農産物の**残留農薬**などが考えられるが，現在使用されている農薬は，急性毒性が低い，農作物への残留性が低い，分解性が良く環境中に残りにくい，など安全性は確保されている。

防除　農薬等の使用により，病害虫や雑草等による農作物への被害を抑えること

暴露　有害物質に曝されること。

残留農薬　農作物等の栽培や保存時に使用された農薬が，農作物等や環境中に残留したものを「残留農薬」という。

(1)　残留農薬とポジティブリスト制度

2003 年に改正された食品衛生法に基づき，残留農薬に関するポジティブリスト制度が導入され，2006 年 5 月 29 日から施行された。

本制度の施行前は，食品衛生法で残留基準が設定されている農薬等は 283 品目で，国内外で使用される多くの農薬等に残留基準が設定されていなかった。このため，たとえ残留基準のない無登録農薬が食品から検出されたとしても，その食品の販売を禁止することができなかった。

この制度導入にあたり，国際的に広く使われている農薬等に新しく残留基準が設定（総計 918 品目，2010 年 5 月末現在）され，残留基準のない無登録農薬等についても一律基準（0.01 ppm）が設定された。これにより，原則，すべての農薬等に対して，基

準を超えて食品中に残留する場合には，その食品の販売などを禁止することができるようになった。

7.2.3 ダイオキシン

塩素の数や結合する位置によって異なる有機化合物の総称である。ポリ塩化ビニルなど廃棄物の焼却時に発生すると考えられている。熱，酸やアルカリに安定で分解されにくく，脂溶性であるため，環境や食物などを通して体内に入り，肝臓や脂肪組織に蓄積する。ヒトに取り込まれる9割以上が食品由来とされており，そのうちの大部分が魚介類による（食物連鎖による**生物濃縮**による）とされる。体重減少，肝臓障害，免疫力低下，生殖器の奇形，発がん性など毒性は多岐にわたる。

食品中のダイオキシン類による健康への影響については，食品からのダイオキシン類の一日の摂取量を把握し，**耐容一日摂取量**（Tolerable Daily Intake：TDI）と比較することにより評価されている。平成26年度における食品からのダイオキシン類の一日摂取量調査結果は，0.69 pg TEQ/kg bw/日（0.26～2.02 pg TEQ/kg bw/日）と推定され（日本人の平均体重を50 kgと仮定して換算），「ダイオキシン類」の日本における耐容一日摂取量 4 pg TEQ/kg bw/日を下回っていた。また，一部の食品を過度に摂取するのではなく，バランスの取れた食生活が重要であることが示唆された。

7.2.4 ビスフェノールA

プラスチックのポリカーボネートや食品缶詰の腐食を防ぐために使われる塗装剤のエポキシ樹脂の原料として用いられている。これらの樹脂にはビスフェノールAが微量に残留していることから，食品衛生法では，ポリカーボネート製容器等に 2.5 ppm 以下の**溶出試験**規格を設定している。

しかし，近年，動物の胎児や子どもに対し，きわめて低用量の暴露による神経や性周期などへの影響（内分泌かく乱作用）を示唆する知見が報告されており，現在，欧米諸国で再評価が行われている。

7.2.5 放射性物質

「放射線」を出す能力を「放射能」といい，放射能をもつ物質を放射性物質という。

(1) 放射性物質と規制値

2011年3月11日に発生した東京電力福島第一原子力発電所事故により，周辺環境から通常より高い放射能が検出されたため，厚生労働省は，原子力安全委員会より示された「飲食物摂取制限に関する指標」を食品衛生上の暫定規制値とし，2012年4月1日からは，放射性セシウムの新基準値を設定した（表7.8）。食品の放射能汚染の問題については，私たち日本人は長く付き合っていかざるをえない問題であり，今後も注意深く見守っていく必要がある。

なお，放射性物質の検査結果は厚生労働省や農林水産省などのホームページで随時公開されており，消費者庁や食品安全委員会

表7.8 放射性セシウムの新基準値
(単位：ベクレル/kg)

食品群	基準値
一般食品	100
乳児用食品	50
牛乳	50
飲料水	10

※放射性ストロンチウム，プルトニウムなどを含めて基準値を設定

生物濃縮 ある物質が食物連鎖を通じて，生物体や臓器・組織に蓄積され，環境中にあったときよりも高濃度に濃縮される。

耐容一日摂取量（TDI） 環境汚染物質等の非意図的に混入する物質について，人が生涯にわたって毎日摂取し続けたとしても，健康への悪影響がないと推定される1日当たりの摂取量のことである。

通常，1日当たり体重1 kg当たりの物質量（mg/kg体重/日）で表される。

溶出試験 食品に使用する器具，容器，包装材などは，直接食品と接触して使用されることから，重金属や化学物質等の溶出により食品が汚染される可能性がある。

器具・容器包装がどのような食品に使用するか，どのような材質であるかで決められた溶媒・条件で重金属や化学物質が溶け出す量が基準を満たしていることを確認するために行う試験。

のホームページ上でも，放射能に関するQ&Aが公表されている。

(2) 放射線照射食品

農作物の発芽抑制，熟度調整，食品の殺虫・殺菌などを目的として，放射線を食品に照射することを「食品照射」といい，照射された食品を放射線照射食品または照射食品という。使用される放射線はガンマ線（コバルト60およびセシウム137），10 MeV（メブ，メガ電子ボルト）以下の電子線または5 MeV以下のX線である。

日本では，食品衛生法によりジャガイモの発芽防止を目的としたガンマ線照射のみが認められている。

7.3 混入異物

食品中の異物とは，本来その食品に含まれないものをいう。異物は食品衛生法により規制されている。異物は，その由来および性状等から動物性，植物性および鉱物性異物の3種類に大別される*。

2014年，ハンバーガー，インスタント焼きそば，冷凍パスタなど，数多くの食品から虫や異物の混入が続き，購入者がツイッターやブログに写真を載せることで，瞬く間に情報が広がり，毎週のようにマスコミによる報道が続いた。

異物が混入していた食品を食べてしまったからといって，それが健康被害につながることは少ないといえるが，異物混入の被害者としては，非常に不快であり，害虫など異物の種類によっては，精神的なダメージも大きい。

混入異物に対して消費者としては，食べる際に注意して見るくらいしか予防手段はなく，食品製造業をはじめ食品を扱う事業者には，食品衛生管理において細心の注意と努力が求められている。

7.4 食品添加物

食品添加物は，豆腐の「にがり」などをはじめ古くから使用されており，その歴史は長い。もし食品添加物が使用されなければ，現在スーパーやコンビニなどで売られている，ほとんどの食品が姿を消すといえるだろう。食品添加物は生鮮食品を除き，それほど多くの食品に使用されているということであり，便利で簡便な現代の食生活において，なくてはならないものとなっている。

それゆえ，食品添加物を使用する側，消費者として口にする側ともに，なぜそれが使用され，どのようなルールがあるのかなど，正しい知識を持つことが大切となってくる。

7.4.1 食品添加物*とは

食品添加物とは，食品衛生法により「食品の製造の過程においてまたは食品の加工若しくは保存の目的で，食品に添加，混和，浸潤その他の方法によって使用する物」と定義されている。

---

* 異物の種類
1. **動物性異物**
   毛髪，爪，歯，骨，害虫（ハエ，カ，ゴキブリなど），害虫片（羽，足など），羽，毛など
2. **植物性異物**
   植物片，種子，木片，紙片，糸くず，布など
3. **鉱物性異物**
   ガラス片，土砂，セメント片，釘，針金，金属片，ビニール片，プラスチック片，ゴムなど

* 食品添加物の分類
1. **指定添加物**
   天然，合成など製造方法にかかわらず安全性と有効性が確認されて厚生労働大臣により指定されている添加物。
2. **既存添加物**
   食品衛生法が改正された1995年以前から使用されていた天然添加物で，その後も長い食経験から厚生労働大臣が認め，既存添加物名簿に記載されている添加物。
3. **天然香料**
   動植物から得られるもので，食品の着香の目的で使用される添加物。
4. **一般飲食物添加物**
   一般に食品として飲食されている物で添加物として使用されるもの。

(1) 食品添加物のメリットとデメリット

メリット：①食品の腐敗や変質を防止し，保存性を高めることができる。保存性が高くなると，長く売り場におけるため廃棄量が減る。また，遠くにも運ぶことができる。大量生産が可能になり，安価で安定した供給ができる。②食品の嗜好性（色，香り，食感など）が拡大し，魅力が増す。

デメリット：①複数の添加物を摂取（複毒性）した場合，生体にどのような影響があるか明らかでない。②保存料などの使用により，かえって衛生管理が疎かになる。③誤用や違法に使用される場合がある。

(2) 食品添加物の種類と用途

それぞれの用途に使用される食品添加物の代表例を表7.9に示した。

7.4.2 食品添加物の安全性の評価

(1) 毒性試験

食品添加物は，ヒトが毎日食べる食品に含まれているため，少量であっても多種類を一生涯にわたって摂取することになる。したがって日本では，動物や動物細胞，微生物を使用してさまざまな毒性試験を行い安全性を確認している。とくに長期毒性や発がん性について慎重に確認されなければならない。

(2) 無毒性量（No Observed Adverse Effect Level：NOAEL）

無毒性量とは，実験動物に食品添加物を一生涯毎日食べさせても，有害な影響が見られない最大量（体重1kg当たりのmgで表す）のことである。

(3) 一日摂取許容量（Acceptable Daily Intake：ADI）

一日摂取許容量（ADI）とは，ヒトが食品添加物を一生涯毎日食べ続けても健康に悪影響を及ぼさない一日当たりの量（体重1kg当たりのmgで表す）のことである。

一日摂取許容量は，実験動物から得られた無毒性量に，安全率として1/100を掛けて求められる。実験動物で得られた値をそのままヒトにあてはめることはできないため，安全率は実験動物とヒトとの種の違いとして1/10，ヒトの個人差（年齢，性別，健康状態など）として1/10，これらを掛けて1/100とするのが一般的である。

ADIはFAO/WHO合同食品添加物専門家委員会（JECFA）が定めた量が国際的に採用されている。

7.4.3 食品添加物の使用基準

ADIが定められ，食品に添加する量が守られていても，偏食など食習慣によって，同一添加物の摂取量がADIを上回る可能性がある。そこで，**マーケットバスケット方式**を用いた食品添加物一日摂取量調査が実施されている。この調査により，一日にとる食品添加物の量を推定し，実際の食品添加物の合計摂取量がADIを超えないように使用基準が定められている。

一日摂取許容量（ADI） ＝無毒性量（最大無作用量）×1/100
なお，ADIは体重1kg当たりのmg（mg/kg）で表される。

JECFA（Joint FAO/WHO Expert Committee on Food Additives：FAO/WHO合同食品添加物専門家委員会） 1955年にFAO（国連食糧農業機関）とWHO（世界保健機関）が協力して設けた委員会。食品添加物の安全性を科学的及び技術的な観点から評価し，一日摂取許容量や成分規格を作成している。各国が食品添加物の規格基準を設定する時には，この評価結果を参考にしている。

マーケットバスケット方式 スーパー等で売られている食品の中に含まれている食品添加物量を分析して測り，その結果に国民健康・栄養調査に基づく食品の喫食量を乗じて摂取量を求める方法である。

表7.9 食品添加物の種類と用途例

種類	目的と効果	食品添加物例
甘味料[*1]	食品に甘味を与える	サッカリン，キシリトール，ソルビトール アスパルテーム，ステビア，甘草 など
着色料[*2]	食品を着色し，色調を調節する	食用黄色4号，銅クロロフィル，β-カロテン クチナシ黄色素，ウコン色素，コチニール色素 など
保存料	カビや細菌などの発育を抑制し，食品の保存性をよくし，食中毒を予防する （殺菌効果はほとんどない（静菌作用））	ソルビン酸，ソルビン酸カリウム，安息香酸 安息香酸ナトリウム，デヒドロ酢酸ナトリウム ヒノキチオール，しらこたん白抽出物 など
増粘剤 安定剤 ゲル化剤 糊剤	食品に滑らかな感じや，粘り気を与え，分離を防止し，安定性を向上させる	カルボキシメチルセルロースナトリウム（CMC） メチルセルロース， カラギーナン，アルギン酸，ペクチン グァーガム，キサンタンガム など
酸化防止剤	油脂などの酸化を防ぎ保存性をよくする	ジブチルヒドロキシトルエン（BHT），カテキン エリソルビン酸，トコフェロール（ビタミンE） など
発色剤	ハム・ソーセージなどの色調・風味を改善する	亜硝酸ナトリウム 硝酸ナトリウム，硝酸カリウム
漂白剤	食品を漂白し，白く，きれいにする 殺菌作用，酸化防止作用もある	亜硫酸ナトリウム 次亜硫酸ナトリウム
防かび剤 （防ばい剤）	輸入柑橘類等のかびの発生を防止する （ポストハーベスト[*3]）	オルトフェニルフェノール（OPP），ジフェニル（DP）， イマザリル，チアベンダゾール
イーストフード	パンのイーストの発酵をよくする	リン酸三カルシウム 炭酸アンモニウム
ガムベース	チューインガムの基材に用いる	エステルガム，酢酸ビニル樹脂，ポリブテン チクル など
香料	食品に香りをつけ，おいしさを増す	オレンジ香料 バニリン，バニラ，レモン など
酸味料	食品に酸味を与える	クエン酸，乳酸，酒石酸 など
調味料	食品にうま味などを与え，味をととのえる	5'-イノシン酸二ナトリウム，5'-グアニル酸ナトリウム L-グルタミン酸ナトリウム，コハク酸二ナトリウム など
豆腐用凝固剤	豆腐を作る時に豆乳を固める （製造に不可欠）	塩化マグネシウム グルコノデルタラクトン など
乳化剤	水と油を均一に混ぜ合わせる	グリセリン脂肪酸エステル，ショ糖脂肪酸エステル 植物レシチン，サポニン など
pH調整剤	食品のpHを調節し品質をよくする 食品の保存性を高める	DL-リンゴ酸，クエン酸，乳酸ナトリウム 重曹，炭酸ナトリウム
かんすい	中華めんの食感，風味を出す （製造に不可欠）	炭酸ナトリウム，炭酸カリウム，リン酸水素二ナトリウム ポリリン酸ナトリウム など
膨脹剤	ケーキなどをふっくらさせ，ソフトにする	重曹（炭酸水素ナトリウム），グルコノデルタラクトン 硫酸アルミニウムカリウム（ミョウバン） など
栄養強化剤	栄養素を強化する	ビタミンC，乳酸カルシウム など ビタミン類30種，アミノ酸21種，ミネラル30種
その他の食品添加物	その他，食品の製造や加工に役立つ	水酸化ナトリウム 活性炭，プロテアーゼ など

*1 近年は，低カロリーの甘味料や虫歯予防の甘味料が使われることも多い。
*2 近年では，安全性の問題から天然色素が多く用いられている。
*3 ポストハーベストは収穫後の農作物に直接農薬を噴霧する方法で，輸入柑橘類やバナナなどの輸送中のかび発生防止のために使用されている。
　日本ではポストハーベストは禁止されているため，食品添加物として規制している。

出所：日本食品添加物協会：「もっと知ってほしい食品添加物のあれこれ」(2015) 一部追記

7.5 食品安全にかかわる新たな問題
7.5.1 食品成分の変化により生ずる有害物質
(1) アクリルアミド

アクリルアミドは，高温加熱下で，食品に含まれているアスパラギン（アミノ酸の一種）とぶどう糖などの還元糖が反応して生成する。ジャガイモのような炭水化物を多く含む食材を，高温で加熱した際に生成することが認められている。

1) アクリルアミドの健康への影響

食品中に含まれる微量のアクリルアミドが，がんを引き起こす可能性については，2000年頃から世界中で調査研究が進められている。JECFAは，平均的な摂取量では健康に悪影響はないと考えられるが，摂取量が多い人の場合は「神経組織に障害が生じる可能性が否定できない」，「遺伝毒性及び発がん性を持つことを考慮すると健康に悪影響がある可能性がある」と勧告し，2010年に再評価を行い，「世界各国でアクリルアミド低減の取組が実施されているが，平均的摂取量及び高摂取者の摂取量は変わっておらず，あらためて健康懸念がある」としている。

2) 食品中のアクリルアミド

アクリルアミドは，製造・加工段階に高温で焼いたり揚げたりする食品に含まれていることがわかっている。たとえば，ジャガイモから作られるフライドポテトやポテトチップス，小麦や米から作られるビスケット，かりんとう，せんべいなどの菓子類，また，コーヒーや茶葉などである。家庭で食品を焼く，揚げるなど高温で調理した料理にも含まれている可能性がある。農林水産省では，日本の加工食品における含有量の実態調査結果を公表*している。

3) 食品中のアクリルアミド低減の取組み

日本においても，アスパラギンや還元糖の含量が少ない原料を選んだり，ジャガイモは低温で長期保存すると糖分が増えるので，原料の貯蔵・保管温度を適切に管理するなどの対策がとられ，加熱時も温度や時間を適切に設定するなどの対策がなされているようであるので，今後の「加熱時に生じるアクリルアミド」の評価結果に注目したい。

食品安全委員会では，家庭でできるアクリルアミド低減対策として，フライドポテトなどの揚物は，過度の加熱を避けるため，油の温度や時間に注意する。加熱の前に水にさらしてアスパラギンや還元糖を減らしたり，煮る，蒸す，ゆでるなどの調理方法は，揚物や炒め物に比べアクリルアミドが生成しにくいなど言及している。

(2) トランス型不飽和脂肪酸（トランス脂肪酸）

トランス脂肪酸とは，通常，**シス型**をしている天然由来の不飽和脂肪酸の二重結合部分が，**トランス型**に変化した不飽和脂肪酸のことである。マーガリンやショートニングの製造時に行われる不飽和脂肪酸への**水素添加**の工程や，食用植物油の精製工程などでトランス酸は生成される。天然では反芻動物の乳や肉にも含まれる。

---

* 参考にいくつか抜粋する。
ポテトスナック：最小値 0.03，最大値 4.7，中央値 0.94（mg/kg）
米菓：最小値 0.03，最大値 0.5，中央値 0.08（mg/kg）
ビスケット類：最小値 0.022，最大値 0.46，中央値 0.16（mg/kg）
フライドポテト：最小値 0.12，最大値 0.91，中央値 0.38（mg/kg）
缶コーヒー：最小値 0.005，最大値 0.014，中央値 0.089（mg/kg）
麦茶（注）：最小値 0.14，最大値 0.51，中央値 0.32（mg/kg）
ほうじ茶（注）：最小値 0.19，最大値 1.1，中央値 0.32（mg/kg）
（注）麦茶，ほうじ茶については，液体ではなく，それぞれ煎り麦，茶葉を分析。

シス型とトランス型

```
   H H       H
   | |       |
 -C=C-    -C=C-
              |
              H
```

水素添加 油脂を構成している脂肪酸の反応性は，二重結合の数に応じて高くなる。
二重結合をもつ不飽和脂肪酸を，金属触媒下で水素ガス中におくことにより，二重結合に水素を付加し，不飽和度（二重結合の数）を低下させることをいう。水素添加により油脂の融点が高くなり，液体油は硬くなる（硬化油）。

コラム 共役リノール酸について

　共役リノール酸は炭素数18の不飽和脂肪酸で，分子内に二重結合と単結合が交互に存在する共役二重結合をもち，その一つ以上がトランス型の場合もあるので，トランス酸の仲間とされることがある（コーデックスではトランス酸に含まれない）。がん，肥満，心臓血管病の予防に効果があるとされ，サプリメントなどの健康食品としても販売され注目されている。
　共役リノール酸は，トランス脂肪酸と同様に天然では反芻動物の乳にも肉にも含まれ，工業的にはリノール酸を多く含むべに花油などをアルカリ処理して生成される。食品中に天然に含まれる量では害はないと考えられているが，異性体の数も多く，種類により生理機能も異なることから，「共役リノール酸」としての安全性評価は複雑である。共役リノール酸について，安全性や生理機能について様々な研究がなされているが，さらなる研究が不可欠であり，長期摂取やサプリメントなどによる大量摂取も考えると，成分表示や利用上の注意喚起など，将来的には表示の必要性なども議論されることであろう。

1) トランス脂肪酸の健康への影響

　トランス脂肪酸は多種類あり，特に加工油脂製造などで生じるトランス脂肪酸では血中LDL（悪玉）コレステロールを増やし，HDL（善玉）コレステロールを減少させる作用があることや，大量摂取は動脈硬化などの心臓疾患のリスクを高めるといわれている。また，肥満やアレルギー性疾患，妊産婦・胎児への影響（胎児の体重減少，流産等）についても関連が報告されており，近年，健康への影響が心配されている。

　2003年，FAO/WHOの合同専門家会議は，トランス脂肪酸の摂取量は最大でも「1日当たりの摂取エネルギー量の1％未満」と勧告している。

2) 日本人の摂取状況

　2006年，食品安全委員会は国内で流通している食品（386検体）中のトランス脂肪酸含有量について調査を実施しており，日本においては，欧米諸国に比べてトランス脂肪酸の摂取が少ない食生活からみて，健康への悪影響は小さいとみている。ただし，ケーキや菓子パンなどの菓子類をよく食べるなど偏った食事をしている場合は，先に述べた最大摂取量を上回る場合もあることがわかっている。また近年では，食生活の変化から若年層の摂取量が増えていると考えられている。

　日本人の食事摂取基準（2010）の中では，「工業的に生産されるトランス脂肪酸は，全ての年齢層で，少なく摂取することが望まれる」と記述されている。日本ではまだ，トランス脂肪酸の表示義務はないが，国は自主的に低減するよう事業者に求めており，近年，全体的には減少傾向にある。2011年には，消費者庁は食品事業者に対し，トランス脂肪酸を含む脂質に関する情報を自主的に開示を進めるよう要請している。

　なお，食品安全委員会では，飽和脂肪酸も冠動脈疾患，肥満，糖尿病等のリスクを増加させるが，日本人女性の30〜49歳の飽和脂肪酸摂取量は，厚生労働省が定める基準値を超えているため，トランス脂肪酸よりもむしろ飽和脂肪酸の過剰摂取に注意する必要がある。脂質は重要な栄養素であり，極端な摂取制限も健康に影響を与えるので，十分な配慮が大切であると言及している。

FAO/WHO合同専門家会議 [1] 食品添加物，汚染物質及び動物用医薬品
FAO/WHO合同食品添加物専門家委員会（JECFA）
[2] 農薬
FAO/WHO合同残留農薬専門家会合（JMPR）
[3] 有害微生物
FAO/WHO微生物学的リスク評価専門家会合（JEMRA）

(3) ニトロソアミン

ニトロソアミンとは亜硝酸とアミン類が，酸性下で化学反応して生成する発がん物質である。亜硝酸は，ハムやソーセージに発色剤として使用される亜硝酸塩から生成されるほか，野菜（特にほうれん草などの葉物野菜）に含まれる硝酸塩からも生成される（硝酸塩は唾液によって還元され亜硝酸塩となる）。アミン類は肉や魚，魚卵に多く含まれる。これらが酸性である胃の中で反応してニトロソアミンが発生すると考えられているが，実際のところ，体内での生成量や，ヒトにどの程度の影響を及ぼすかなど，詳細はいまだ不明である*。

7.5.2 肉の生食による健康被害

(1) 食　肉

日本では，豚の食肉等については，寄生虫の感染や食中毒菌による食中毒の危険性があることから，加熱して食用に供されることが一般的であった。しかし，近年豚の生食に起因すると考えられる中毒発生事例と，2012年7月の牛肝臓の生食禁止後，飲食店で豚の肝臓を生食用として提供している実態が報告されたことなどから，厚生労働省は豚肝臓を生食することの危険性について，関係事業者や各自治体を通し消費者にも周知してきた。2015年6月，豚の食肉（内臓含む）を生食用として販売・提供することを禁止した。

食肉の生食や加熱不十分によって起こる食中毒とその特徴を表7.10に，食肉の種類別にみた危害要因と規制状況を表7.11に示した。

(2) 野生鳥獣肉（ジビエ）

イノシシやシカなどの野生鳥獣肉（ジビエ）の肉や内臓を食べ，E型肝炎ウイルスに感染し，死亡した事例や重篤な症状を示した事例が報告されている。これまで，野生鳥獣肉には，牛や豚などの家畜と異なり，解体時に病気の有無などの検査が義務づけされておらず，また，家畜のように餌や飼養方法などの管理がされていないため，

---

* 2015年10月，IARC（国際がん研究機関）は，ベーコンやソーセージ，牛肉，豚肉，羊肉などの食肉の発がん性を発表し，食肉加工業界をはじめ大きな反響を呼んだ。その翌日，食品安全委員会は，次のようにコメントを発表した。
「今回の評価では，これをもって，『食肉や加工肉はリスクが高い』と捉えることは適切ではないと考えます。食品のヒトの健康への影響については，リスク評価機関におけるリスク評価を待たなければなりません。（中略）食品のリスク評価は，その物質の代謝，毒性試験（短期の急性毒性，長期の慢性毒性，生殖発生毒性，遺伝毒性，発がん性などの試験），ばく露評価など，十分なデータに基づいて予見を持たずに行われることが必要です。」

野生鳥獣肉（ジビエ）
シカ，イノシシ，きじ，野うさぎ，野鳩，クマ，カラスなど

表7.10　肉の生食や加熱不十分で起こる食中毒の原因と特徴

病原体（病因物質）	主な動物種	特徴
腸管出血性大腸菌※	牛	潜伏期間1～14日／レバーの表面だけでなく，内部からも検出／少量でも感染 重症化すると，溶血性尿毒症症候群（HUS）や脳症などの合併症が発症する
サルモネラ属菌	牛，豚，羊，鶏	潜伏期間8～48時間／少数でも感染 重症化すると，意識障害やけいれん等の中枢神経症状，脱水症状が現れる。
リステリア	牛，豚，鶏	潜伏期間　数時間～数週間（平均3週間程度）／低温（冷蔵庫）でも増殖 重症化すると，意識障害やけいれんなどの中枢神経症状が現れる。 特に妊婦が感染した場合，胎児に垂直感染が起こり，流産や早産の原因となることがある
E型肝炎ウイルス※	豚，イノシシ，シカ	潜伏期間15～50日／悪心，食欲不振，腹痛，褐色尿，黄疸／レバーの表面だけでなく，内部からも検出　妊婦では重症化（劇症肝炎に移行）する割合が高い。
カンピロバクター	牛，豚，鶏	潜伏期間2～7日／少量でも感染 重症化すると，脱水症状が現れる。ギラン・バレー症候群を発症する

※特に注意が必要なもの
出所：厚生労働省：お肉の食中毒を避けるにはどうしたらよいの？（2015）　一部追記・削除

寄生虫やE型肝炎ウイルスに感染している可能性がある（表7.10，7.11）。

このため，2014年9月，厚生労働省は，野生鳥獣肉の衛生管理に関する指針（ガイドライン）を策定し，野生鳥獣肉を生食することの危険性について，ホームページやパンフレットなどを使って周知し，関係事業者に対して必要な加熱を行うよう指導するとともに，消費者に対しても加熱して喫食するよう注意喚起する旨，各自治体宛て通知した。

(3) 食肉の汚染状況

厚生労働省では，食品の食中毒汚染実態調査を実施している。2012～2014年度の市販食肉の食中毒菌汚染実態調査結果を表7.12に示す。

表7.11 食肉の種類別にみた危害要因と規制状況

食肉の種類	主な危害要因（病因物質）	規制の状況（厚生労働省等）
豚肉 （内臓を含む）	E型肝炎ウイルス，サルモネラ属菌 カンピロバクター，寄生虫（トキソプラズマ，旋毛虫（トリヒナ），有鉤条虫）	豚肉（内臓を含む）の生食用として販売・提供を禁止
野生鳥獣肉 （猪肉，鹿肉など）	E型肝炎ウイルス， 腸管出血性大腸菌，寄生虫	野生鳥獣肉の衛生管理に関する指針（通知）等により，十分に加熱して食べることが指導されている
牛肉（内臓を除く）	腸管出血性大腸菌，サルモネラ属菌	牛の生食用食肉（ユッケ）の加工基準が設定されている
牛肝臓	腸管出血性大腸菌，サルモネラ属菌	生食用としての提供が禁止されています。
鶏肉	カンピロバクター，サルモネラ属菌	十分に加熱して食べることが指導されています。
馬肉	寄生虫（サルコシスティス）	衛生基準（通知）により衛生管理が指導され，寄生虫については，流通段階での凍結処理が指導されている。

出所：食品安全委員会：食品安全，42，(2015) 一部追記，削除

表7.12 2012～2014年度市販食肉の食中毒菌汚染実態調査結果

検体名	E. coli			サルモネラ			腸管出血性大腸菌			カンピロバクター		
	2012	2013	2014	2012	2013	2014	2012	2013	2014	2012	2013	2014
ミンチ肉（牛）	58 (99)	7 (10)	0 (4)	1	1 (55)	1 (41)	0	0 (55)	0 (41)	-	0 (3)	-
ミンチ肉（豚）	94 (136)	10 (15)	1 (4)	4	5 (119)	5 (102)	0	0 (119)	1 (102)	-	0 (3)	0 (1)
ミンチ肉（鶏）	177 (217)	9 (19)	2 (3)	104	15 (31)	18 (33)	0	0 (30)	0 (31)	76	5 (8)	0 (3)
牛レバー （加熱加工用）	172 (233)	2 (2)	-	4	0 (3)	-	1	0 (3)	-	37	0 (2)	-
牛結着肉	146 (203)	0 (1)	2 (4)	0	1 (5)	2 (26)	26	0 (5)	0 (26)	-	0 (2)	-

※検査の結果，陽性となった検体数，( )は供試検体数
　2012年の供試検体数はE. coliのみ表示（サルモネラ，腸管出血性大腸菌，カンピロバクターも同試検体数）
※腸管出血性大腸菌はO157，O26，O111について検査を実施
出所：厚生労働省医薬食品局食品安全部：平成26年度食品の食中毒菌汚染実態調査の結果について（2015）

7.6 健康にかかわる食品

7.6.1 保健機能食品

国民の健康志向が高まるなか，健康食品の市場も拡大してきているが，健康食品について，日本では明確な定義はまだない。**いわゆる健康食品**と区別するため，2001年に保健機能食品制度が開始された。この制度では，種々様々な健康食品の中で，一定

> **いわゆる健康食品** 科学的な検証が十分にされていないものが多く，健康に良さそうなイメージだけをもつ。
> 分類上は一般食品に分類される。

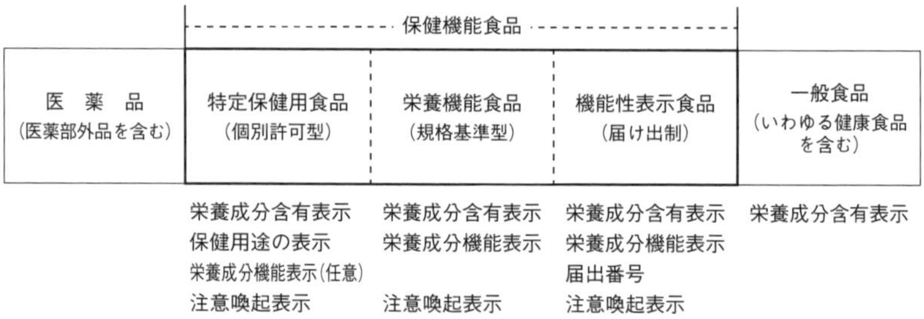

医 薬 品 (医薬部外品を含む)	特定保健用食品 (個別許可型)	栄養機能食品 (規格基準型)	機能性表示食品 (届け出制)	一般食品 (いわゆる健康食品を含む)
	栄養成分含有表示 保健用途の表示 栄養成分機能表示(任意) 注意喚起表示	栄養成分含有表示 栄養成分機能表示 注意喚起表示	栄養成分含有表示 栄養成分機能表示 届出番号 注意喚起表示	栄養成分含有表示

（特定保健用食品・栄養機能食品・機能性表示食品は「保健機能食品」）

図7.9 保健機能食品制度の概要

栄養成分表示 食品単位当たり[1]	
熱量	kcal
たんぱく質	g
脂質	g
ー飽和脂肪酸	g
ー n-3 系脂肪酸	g
ー n-6 系脂肪酸	g
コレステロール	mg
炭水化物	g
ー糖質[2]	g
ー糖類	g
ー食物繊維	g
食塩相当量	g
(ナトリウム	g, mg)
その他の栄養成分（ミネラル，ビタミン）	mg, μg

1) 100 g，100 ml，1食分，1包装その他の1単位。1食分の場合は，1食分の量を併記する。
2) 糖質または食物繊維を表示する場合は，糖質および食物繊維の量の両方を表示する。
3) 表示しない栄養成分についてはこの様式中の成分を省略する。
4) 枠の記載が困難な場合には，枠は省略できる。

図7.10 栄養成分表示のレイアウト

の条件を満たした食品を「保健機能食品」として認め，条件の違いから，「特定保健用食品」と「栄養機能食品」の2つに分類されていた（2章参照）。さらに2015年，食品表示法が施行され，新しく「機能性表示食品」が新設された（図7.9）。

健康食品は，医薬品との併用や過剰摂取など，誤った摂り方をすると健康被害にもつながる可能性があるため，保健機能食品や特別用途食品を利用する際は，想定されている対象者などについても正しく理解し，適切に利用することが重要である。

(1) 特定保健用食品（トクホ）

特定保健用食品は，健康の維持増進に役立つことが科学的根拠に基づいて認められ，保健用途の表示が許可されている食品である。表示されている効果や安全性については国が審査を行い，食品ごとに消費者庁が許可している。利用対象として，特定の保健効果を期待したい，体調が気になる人が想定されている。

(2) 栄養機能食品

栄養機能食品は，一日に必要な栄養成分（ビタミン，ミネラルなど）が不足しがちな場合，その補給・補完のために利用される食品である。すでに科学的根拠が確認された栄養成分を一定の基準量含む食品であれば，特に届出などをしなくても，国が定めた表現によって機能性を表示することができる。食品表示法（7.8.2（1）参照）では，栄養機能食品のルールが一部変更された*。利用対象として必要な栄養素の補給を期待したい人が想定されている。

(3) 機能性表示食品

機能性表示食品は，科学的根拠に基づいた機能性が，事業者の責任において表示された食品で，安全性及び機能性の根拠に関する情報が，商品販売前に消費者庁長官へ届け出られたものである。生鮮食品を含め，すべての食品（一部除く）が対象となっている。届け出られた情報は，消費者庁のウェブサイトで公開されている。特定保健用食品とは異なり，消費者庁による個別の許可を受けたものではない。利用対象として疾患をもっていない人（未成年，妊産婦は対象外）で，食品の機能性を期待したい人が想定されている。

7.6.2 特別用途食品

特別用途食品は，乳児用，幼児用，妊産婦用，病者用等の特別の用途に適する旨の表示をしている食品である。利用対象として医学・栄養学的な配慮が必要な人が想定されている。

7.6.3 効能効果の問題

食品や食品成分の効能効果（健康や病気に与える影響）を過大に評価したり信じることをフードファディズムという。昼のワイドショーなどで「ある食品が○○に効く」という放送があると，その食品は夕方にはスーパーで売り切れとなってしまうなどは，フードファディズムの典型である。また，健康増進法は，健康の保持増進の効果等に関して虚偽または誇大な広告*を禁止している。

7.7 その他の食品の安全性問題

7.7.1 遺伝子組換え食品

生物の細胞から有用な性質をもつ遺伝子を取り出し，植物などの細胞の遺伝子に組み込み，新しい性質をもたせることを遺伝子組換えといい，遺伝子組換えによって品種改良が行われた作物（食品）のことを遺伝子組換え食品という。

遺伝子組換えでは，生産者や消費者の求める性質を効率よくもたせることができる点，組み込む有用な遺伝子が種を超えていろいろな生物から得られる点が従来の品種改良と異なる点である。これまでは害虫や農薬に強いものなどが中心であったが，最近では，特定の成分の含有量を高めた作物や乾燥・塩害に強い作物などが研究・開発されている。

---

* 栄養機能食品のルール変更点
1. 栄養成分の機能が表示できるものとして，新たにn-3系脂肪酸，ビタミンK及びカリウムが追加された。
2. 鶏卵以外の生鮮食品についても，栄養機能食品の対象範囲とする。
3. 次の事項の記載が新たに必要（または変更）になる。
① 栄養素等表示基準値の対象年齢，基準熱量に関する文言
② 特定の対象者（疾患に罹患している者，妊産婦等）に対し注意を必要とするものは，当該注意事項
③ 栄養成分の量及び熱量を表示する際の食品単位は，一日当たりの摂取目安量当たりの成分値を記載
④ 生鮮食品に栄養成分の機能を表示する場合，保存の方法を表示（常温で保存すること以外に保存方法に留意点がないものは省略可）

* 虚偽誇大広告の一例 「最高のダイエット食品」「〜が治った」「食品だから安全」「他にない」「驚くべき体験談」など。

安全性審査のポイント
1. 組み込む遺伝子などは，良く解明されたものか，食経験はあるか。
2. 組み込まれた遺伝子はどのように働くか。
3. 組み込んだ遺伝子からできるタンパク質は，ヒトに有害でないか，アレルギーを起こさないか。
4. 組み込んだ遺伝子が，有害物質などを作る可能性はないか。
5. 食品中の栄養素などが大きく変わらないか。　など

(1) 遺伝子組換え食品の安全性審査*

現在のところ，日本国内では遺伝子組換え作物は商業的には栽培されていない。2001年4月から遺伝子組換え食品の安全性審査が義務付けられており，安全性審査を受けていない遺伝子組換え食品は，輸入，販売等が法的に禁止されている。

外国で商業的に栽培されている遺伝子組換え食品の中で，日本で安全性審査が終了していない，日本に輸入される可能性のあるものを中心に検査を実施している。

2015年10月現在，日本で安全性が確認され，販売・流通が認められているのは表7.13の8作物である。

(2) 遺伝子組換え食品の原産国

遺伝子組換え作物の作付面積は，世界29ヵ国で1億6,000万haであり，1位：米国69,000万ha（43%），2位：ブラジル3,030万ha（19%），3位：アルゼンチン2,370万ha（15%），4位：インド1,060万ha（7%），5位：カナダ1,040万ha（7%）となっている。

作物別では，1位：大豆7,540万ha（47%），2位：トウモロコシ5,100万ha（32%），3位：綿実2,470万ha，4位：なたね820万ha（5%）となっている。

(3) 遺伝子組換え食品の表示

遺伝子組換え農産物やこれを原料とした加工食品については，原則として表示が義務付けられている（表7.14）。表示義務の対象となるのは，表7.13に示した8種類の農産物とこれらを原材料とした加工食品33品目群（豆腐，納豆など）である。

なお，加工食品については，油やしょうゆなどのように，製造過程で精製され，組み込まれた遺伝子が検出されない場合には表示義務がない。そして，原料に遺伝子組換え食品を使用していても，少量ならば表示義務がなく，表示義務の対象となるのは，全原材料に占める重量割合が上位3

表7.13　　　　　　　　　　　　　　　　2012.3

名　称	性　質
大豆	特定の除草剤で枯れない 特定の成分（オレイン酸など）を多く含む
ばれいしょ	害虫に強い，ウィルス病に強い
なたね	特定の除草剤で枯れない
とうもろこし	害虫に強い，特定の除草剤で枯れない
綿実	害虫に強い，特定の除草剤で枯れない
てん菜	特定の除草剤で枯れない
アルファファ	特定の除草剤で枯れない
パパイア	ウィルス病に強い

表7.14　遺伝子組換え食品の表示の概要

遺伝子組換え対象農産物[*1] およびこれを原料とする対象加工食品[*2]	遺伝子組換え　など	表示義務
遺伝子組換え農産物が不分別である対象農産物またはこれを原料とする対象加工食品	遺伝子組換え不分別　など	表示義務
分別生産流通管理された非遺伝子組換え対象農産物およびこれを原料とする対象加工食品	表示不要 遺伝子組換えでない　など	任意表示
対象農産物を原料とし，組み換えられた遺伝子やそれによって生じたたんぱく質が存在しない加工食品（しょうゆ，植物油など）	表示不要	任意表示
遺伝子組換え農産物が存在しない農産物とその加工品		表示禁止

[*1] 対象農産物：遺伝子組換え農産物が存在する作目に係る農産物
　　　　大豆（枝豆及び大豆もやしを含む。），とうもろこし，ジャガイモ，ナタネ，綿実，アルファルファ，てん菜
[*2] 対象加工品：対象農産物を原料とし，加工後も組み換えられた遺伝子またはこれによって生じたたんぱく質が存在する加工食品

出所：厚生労働省医薬食品局食品安全部「遺伝子組換え食品の安全性について」（2012）

表7.15 アレルギー表示の対象品目

特定原材料	発症数が多い 特に症状が重篤	表示義務	卵，乳，小麦，えび，かに，落花生，そば
特定原材料に準ずる品目	特定原材料に比べると症例数や重篤度が少ない（今後も調査が必要）	表示推奨	あわび，いか，いくら，オレンジ，カシューナッツ，キウイフルーツ，牛肉，くるみ，ごま，さけ，さば，大豆，鶏肉，バナナ，豚肉，まつたけ，もも，やまいも，りんご，ゼラチン

位まで，かつ，重量割合が5％以上の場合のみである．したがって，私たちは知らず知らずのうちに，遺伝子組換え食品を食べている可能性があることを知っておくべきである．

7.7.2 輸入食品*

日本の食糧自給率は約40％と低く，私たちの食生活を支えるためには，輸入食品に頼らざるをえない．厚生労働省には全国32ヵ所に検疫所が設置され，食品衛生法に基づき，輸入食品などの安全性を確保するため，日本に輸入される食品などの輸入届出の審査および試験検査による監視指導を行っている．**命令検査**や**モニタリング検査**の結果，違反が確認された食品については，廃棄，積戻し等の措置をとっている．

7.7.3 食物アレルギー*

食物アレルギーは微量でも時には命に関わる場合があるので，健康危害の発生防止の観点から，食品衛生法で規制されている．表示対象品目は27種類あり，特に重篤または症例数の多い特定原材料7品目と，それらに準ずるもの20品目に分けられている（表7.15）．特定原材料は2002年4月より表示が義務付けられ，それ以外のものは表示が推奨されている．新しく施行された食品表示法では，食物アレルギーについて，さらに慎重な表示となるよう配慮されている．

近年，乳幼児から成人にいたるまで食物アレルギーをもつ人が増えている．学校給食での誤食事故や，食後の**運動誘発性**の事故も発生しており，2012年12月，東京都調布市の小学校で，食物アレルギーを有する児童が，学校給食終了後，アナフィラキシーショックの疑いにより亡くなるという事故があった．国は学校への指導を強化し，2012年10月には「学校給食における食物アレルギー対応指針」が策定され，2015年3月には改定されている．

食物アレルギーの感受性は，食品の種類や摂取量について，個々に大きく異なるもので，特に教育現場においては慎重に扱われるべき問題であり，緊急時の対応など今後の大きな課題である．

7.7.4 粉製品に繁殖したダニによる即時型アレルギー

粉製品に繁殖したダニによる即時型アレルギーが発生している．ダニは餌と潜る場所，温湿度の条件がそろうと繁殖するので，ホットケーキミックスやお好み焼粉はダニのかっこうの繁殖場所となる．ダニアレルゲンは熱に強く，加熱調理では分解しない．ダニは低温では繁殖できないので，粉物は密封容器に入れ，常温ではなく冷蔵庫

輸入食品の現状
2013年度：輸入届出件数2,185,480件，重量30,982,370トン，届出件数の9.2％にあたる201,198件の検査を実施．1,043件を食品衛生法違反として積み戻し又は廃棄．
（類違反件数）規格基準違反568件，添加物違反98件，不衛生食品違反336件，その他83件など

命令検査
輸出国の事情，食品の特性，同種食品の不適格事例などから，食品衛生法違反の可能性が高いと判断される食品等について，実施する検査．検査の結果，食品衛生法に適合していると判断されるまで輸入することができない．

モニタリング検査
食品の種類ごとに輸入量，違反率，危害度等を勘案した統計学的な考え方に基づく計画的な検査．命令検査とは異なり，試験結果の判定を待たずに輸入手続きを進めることができる．

食物アレルギー
食物を摂取した際，身体が食物（に含まれるタンパク質）を異物として認識し自分の身体を防御するために過敏な反応を起こすこと．
【主な症状】
軽い症状：かゆみ，じんましん，唇や瞼の腫れ，嘔吐，喘鳴
重篤な症状：意識障害，血圧低下，呼吸障害などのアナフィラキシショック

で保管し，早めに使い切るようにする。

7.8 日本における食品安全対策
7.8.1 食品の安全性確保に関するリスク分析

食の安全に対する国民の関心が高まっていることに加え，輸入食品の増加，科学技術の開発による遺伝子組換え食品，BSE（牛海綿状脳症），腸管出血性大腸菌による食中毒の発生など，食生活を取り巻く状況の変化に対応するため，2003年には**食品安全基本法**が制定され，食品の安全性の確保において「国民の健康の保護が最も重要である」ことを念頭に，基本的な安全対策としてリスク分析手法が導入された。

リスク分析（リスクアナリシス）とは，食品の安全に絶対（ゼロリスク）はありえないという前提に立ち，健康への悪影響の発生を防止したり，抑制するための手法である。リスク評価，リスク管理，リスクコミュニケーションの3つの要素からなる（図7.11）。リスク分析の考え方は国際的にも認められており，現在の日本の食品安全対策（食品衛生行政　図7.12）はこの手法を基本としている。

図7.11　リスク分析
出所：厚生労働省医薬食品局食品安全部：食品の安全確保に向けた取組（2015）

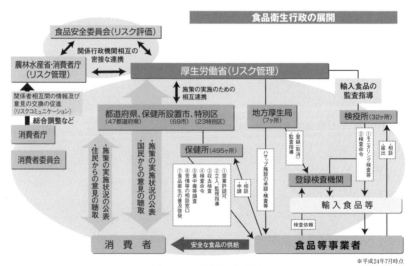

図7.12　食品衛生行政
出所：図7.11に同じ

食物依存性運動誘発アナフィラキシー　原因食物を食べただけではアレルギー症状は起こさず，食後に運動が加わることによってアナフィラキシーが起きる。運動によって腸での消化や吸収に変化が起き，アレルゲン性を残したタンパク質が吸収されて起きるものと考えられている。

「学校給食における食物アレルギー対応指針」　学校や調理場における食物アレルギー事故防止の取組みを促進することを目的に文部科学省が作成。「大原則」原則として押さえるべき項目，「Ｉチェック表」チェック表にあげられている各項目の解説，「Ⅱ解説」ⅠおよびⅡを実践するうえでの参考資料，「Ⅲ総論」で構成されている。

大原則では，「食物アレルギーを有する児童生徒にも，給食を提供する。そのためにも，安全性を最優先とする」「安全確保のため，原因食物の完全除去（提供するかしないか）を原則とする」などを定めている。

食品安全基本法
食品の安全性の確保において「国民の健康の保護が最も重要である」ことをはじめとする基本理念3項目と，関係者（国，地方公共団体，食品関連事業者，消費者）の責務・役割が明確にされ（下記），基本的な方針としてリスク分析手法が導入された。

(1) リスク評価（リスクアセスメント）

リスク評価とは，その物質のヒトに対する有害な影響を科学的データに基づき評価することである。リスク評価を行う唯一の機関として，内閣府に**食品安全委員会**が設置されている。

(2) リスク管理（リスクマネジメント）

リスク管理とは，リスク評価の結果に基づいて安全性の立場から，問題点を把握し行政施策を決め，実施することである。厚生労働省や農林水産省，消費者庁などの行政機関が担当する。

(3) リスクコミュニケーション

リスクコミュニケーションとは，リスク分析にかかわるすべての関係者（行政，消費者，食品関連事業者など）が**リスク**やリスクに関連する情報の共有や意見を交換することである。

7.8.2 食品安全対策にかかわる法律

日本の食品安全対策において中心となる法律は，食品衛生法と食品安全基本法であるが，2015年4月，新しく食品表示法が施行され，関心を集めている。

(1) 食品表示法

2009年9月1日，消費者の苦情や相談窓口を一つに集約することを目的として，消費者庁が設置された。食品の表示に関して，それまでは食品衛生法，健康増進法，JAS法など複数の法律があり，厚生労働省，農林水産省などが担当省庁も複数あったが，消費者庁設置後は，食品表示に関して統括して管理することとなった。

食品安全委員会
食品安全基本法の制定に基づいて内閣府に設置された。リスク評価を行う唯一の機関で，7名の委員からなり，その下に専門調査会が設置されている。リスク評価にあたっては，透明性を確保することとされ，委員会・議事録・提出資料等は原則公開している。

リスク
健康への悪影響が起きる発生確率（可能性）とその程度。

表7.16 栄養強調表示の概要

強調表示の種類			該当する栄養成分	基　準	強調表示例
補給ができる旨の表示	高い	絶対表示	たんぱく質 食物繊維 ミネラル類 （ナトリウムを除く） ビタミン類	・基準値以上	高，多，豊富
	含む				源，供給，含有
	強化	相対表示		・基準値以上の絶対差 ・相対差25％以上（たんぱく質，食物繊維のみ） ・強化された量（割合）と比較対象品を明記	アップ，増強，強化
適切な摂取ができる旨の表示	含まない	絶対表示	熱量 脂質 飽和脂肪酸 コレステロール 糖類 ナトリウム	・基準値未満	無，フリー，ノン
	低い				低，控えめ，ライト
	低減	相対表示		・基準値以上の絶対差 ・相対差25％以上 ・低減された量（割合）と比較対象品を明記	カット，オフ，ハーフ
無添加表示			糖類	・いかなる糖類も添加されていない ・糖類（添加されたものに限る）に代わる原材料又は添加物を使用していない ・糖含有量が原材料及び添加物に含まれていた量を超えない ・糖含有量を表示している	
			ナトリウム塩	・いかなるナトリウム塩も添加されていない ・ナトリウム塩（添加されたものに限る）に代わる原材料又は添加物を使用していない	

表7.17　加工食品の表示の概要

- 名称
- 原材料名
- 添加物
- 内容量
- 賞味期限または消費期限
- 保存方法
- 製造業者の氏名または名称および住所

表7.18　生鮮食品における原産地表示の概要

	国 産 品	輸 入 品
農産物	都道府県名 ・市町村名その他一般に知られている地名での記載　可	原産国名 ・一般に知られている地名での記載　可
畜産物	国産である旨 ・都道府県名，市町村名，一般に知られている地名での記載　可	原産国名
水産物	水域名または地域名 ・水域名の記載が困難な場合は，水揚港名またはそれが属する都道府県名での記載　可 ・水域名に水揚港名またはそれが属する都道府県名の併記　可	原産国名 ・水域名または地域名の併記　可

＊　現在は経過措置期間で，加工食品，添加物は2020年3月31日まで，生鮮食品は2016年9月30日までとなっており，その後，新表示法に完全移行となる。

さらに2015年4月1日からは，食品表示について定めた新しい法律「食品表示法」が施行された＊。これまで複数の法律で定められていた食品表示はこの法律により，一つに統合された。この法律では，新しく「機能性表示食品」が創設され（7.6参照），これまでとは10の変更点があり，主な変更点は，栄養成分表示の義務化・ナトリウムの表示方法（図7.10），栄養強調表示の方法（表7.16），栄養機能食品のルール変更（p.141側注）などである。

7.8.3　食品衛生管理　HACCP

(1)　HACCPの概念

HACCP（Hazard Analysis and Critical Control Points）とは，危害分析重要管理点と訳される国際的な衛生管理の手法である。「ハセップ」，「ハサップ」，「エイチエーシーシーピー」などと呼ばれている。

HACCPは従来のような最終製品の一部を抜き取り検査によって安全性を保証するのではなく，食品製造工程において原材料の受け入れから最終製品までの各工程ごとに，発生し得るすべての危害を分析し（HA），重点的に衛生管理を行わなければならない点を設定して（CCP）これを確実に実行し連続的に管理することによって，すべての製品の安全性が確保できるという考え方に基づいた管理手法である。さらにこの管理手法に記録を重視する考え方を加えたものが，HACCPシステムである。

＊　コーデックス（Codex）委員会
　1963年に設立された，国際食品規格（コーデックス規格）を作る政府間機関である。その目的は，消費者の健康を保護と，食品の公正な貿易を促進することである。
　食品の安全性と品質に関して国際的な基準を定めている。

1993（平成5）年にコーデックス（Codex）委員会がHACCPについてのガイドラインを公表したことに伴い，今日ではHACCPシステムは国際的に推奨され普及している。日本においても食品事業者におけるHACCP導入義務化が検討されている。

(2)　HACCPシステムの7原則と12手順

HACCPシステムを実施するためには，あらかじめ衛生管理のためのマニュアルを作成する必要がある。これにはコーデックス（Codex）委員会が定めた7つの原則「HACCPシステムの7原則」を必ず盛り込まなければならない。また，第1原則の危害分析を行うために必要な準備手順として1〜5の手順を加えたものを「HACCP

システムの12手順」という。

- 手順1　HACCPチームの編成
- 手順2　製品や原材料についての記述
- 手順3　意図する用途と対象消費者の確認
- 手順4　製造工程一覧図，施設の図面，標準作業書の作成
- 手順5　製造工程一覧図，施設の図面，標準作業書について現場での確認
- 手順6　危害の分析と危害リストの作成（第1原則）
- 手順7　重要管理点（CCP）の設定（第2原則）
- 手順8　管理基準の設定（第3原則）
- 手順9　各CCPの管理基準について測定方法の設定（第4原則）
- 手順10　各CCPにおける改善措置の設定（第5原則）
- 手順11　HACCP方式の有効性を確認するための検証方法の設定（第6原則）
- 手順12　HACCPシステム実施に関わる全ての記録の維持管理規定の設定（第7原則）

(3) 家庭における衛生管理

　HACCPシステムは大企業のみに対する衛生管理手法ではない。学校など多くの大量調理施設で導入されており，HACCPの考え方は小規模な食品製造業，飲食店や家庭においても適用されるべきものである。大切なのは，それぞれにあったチェックリストを作成し，毎日実行することである。

　家庭で行うHACCP　～家庭でできる食中毒予防6つのポイント～　として，厚生労働省から公表されている。食中毒予防の三原則は，食中毒菌を「付けない，増やさない，殺す」である。「6つのポイント」はこの三原則から成っている。

7.9　健康で安全な食生活を送るために，賢い消費者となろう

　食品に関して安全性などさまざまな情報が氾濫している。情報収集の手段もネットやテレビなど種々のマスコミから発信されており，また，専門家の中でもいろいろな意見があったりと，一般消費者としては，それらの情報のどれが正しくてどれが正しくないのか，判断するのは非常に難しいことであり，何を信じていいのかわからず戸惑いを感じることもあるかもしれない。

　健康で安全な食生活を送っていくためには，どうすれば良いのだろうか。まず第一に，すぐに情報に振り回されない（飛びつかない）冷静さをもつことである。次に，偏食をせず，多くの種類の食品をバランス良く食べることが大切である。これは栄養面から，よく聞かれる言葉であるが，安全面から見ても同じことがいえる。そして，食品の安全性に関するさまざまな情報を冷静に判断するためには，消費者自身も，食品についてどんな問題があるのか，関心を持ち自ら学ぶ必要があるといえる。せっかく食品表示法が新しく施行されたのだから，初めの第一歩として，表示を見ることから始めても良いのではないだろうか。

学生に,「食品を購入する際,表示を見ているかどうか」を聞いてみると,「値段や消費・賞味期限,エネルギーしか見ていない」と答える者が多い。おそらく,一般消費者においても,これらのことにしか関心がないという消費者も少なくないであろう。だが,表示をを意識することで,そこには自分が毎日食べている食品はどこで作られたもので,どういうものが含まれているのか,産地や原材料,食品添加物など,さまざまな情報が記されていることに気付くはずである（表7.17,7.18）。実際,筆者が授業で表示について話をすると,「これからは,食品を購入する際は表示を見よう」と思う（感じる）学生は圧倒的に増えるのである。

　たとえば,経済的な理由から値段が安いことが最優先される場合でも,表示を見て,どんな食品か知った上で,それでも安いものを選び購入するのと,値段しか見ずに安いものを購入するのでは状況は全く異なり,前者の方が,自分で納得をして食品を選んでいるのだから,明らかに賢い消費者といえるのではないだろうか。

　さらに今後,科学的根拠に基づいた正確な情報を得るためには,厚生労働省,食品安全委員会,消費者庁など公的機関のホームページを利用するのも有効である。また,科学的知識のある消費者団体であるフーコムのホームページも,食の安全に関する情報がわかりやすく発信されている。

　消費者が食の安全に関して,正しい知識をもち,賢い消費者となることが,食の安心につながるのである。

【引用文献】
厚生労働省：食中毒事件一覧速報
http://www.mhlw.go.jp/stf/seisakunitsuite/bunya/kenkou_iryou/shokuhin/syokuchu/04.html#j4-2 （2015年11月9日取得）
東京都福祉保健局：「食品衛生の窓」
http://www.fukushihoken.metro.tokyo.jp/shokuhin/index.html （2015年10月17日取得）
厚生労働省医薬食品局食品安全部：「食品に含まれるカドミウム」に関するＱ＆Ａ
http://www.mhlw.go.jp/houdou/2003/12/h1209-1c.html （2015年11月9日取得）
東京都福祉保健局：「食品衛生の窓」ひじきに含まれるヒ素 （2015年10月17日取得）
食品安全委員会：食品安全, **37**, 1.2014
食品安全委員会：食品安全, **17**, 1.2009
食品安全委員会：食品安全, **25**, 2.2011
食品安全委員会：食品安全, **14**, 3.2007
食品安全委員会：食品安全, **44**, 10.2015
食品安全委員会：食品安全, **43**, 8.2015
厚生労働省医薬食品局食品安全部：遺伝子組換え食品の安全性について, 1-14, 2012
厚生労働省医薬食品局食品安全部：食品の安全確保に向けた取組, 1-15, 1.2015
消費者庁：「機能性表示食品」って何？, 1-7, 4.2015
東京都福祉保健局健康安全部監視課：食品表示法, 1-8, 10.2015

【参考文献】
石綿肇，西宗髙弘，吉田勉：食品衛生学，学文社（2011）
吉田勉監修：食べ物と健康，学文社（2012）
消費者庁ホームページ　http://www.caa.go.jp/
食品安全委員会ホームページ　http://www.fsc.go.jp/
東京都福祉保健局　「食品衛生の窓」
http://www.fukushihoken.metro.tokyo.jp/shokuhin/index.html
科学的根拠に基づく食情報を提供する消費者団体フーコムホームページ
http://www.foocom.net/
「新開発食品評価書食品に含まれるトランス脂肪酸」食品安全委員会（2012）
https://www.fsc.go.jp/sonota/trans_fat/iinkai422_trans-sibosan_hyoka.pdf　（2016 年 3 月 7 日取得）
敏山智香子「食品個々の特定栄養素を近視眼的に追求しても意味がない」フーコム（FOOCOM），2009 年 9 月 30 日
http://www.foocom.net/fs/uneyama/2541/　（2016 年 3 月 7 日取得）

8 健康のための食生活

8.1 現代における日本の食生活の問題点

　日本の食生活は，日本固有の風土というものに制約された環境に根ざしつつ，歴史的社会的変化をとげて，独特の食様式をもった今日のすがたに到達したものである。したがって，過去・現在をじっくりみつめたうえで，その流れの延長として，これからの日本人の食生活の方向をある程度推測することもできるであろう。

　さて，日本人の栄養素摂取の実態を平均値でみれば，欠乏している栄養素がある半面，すでに過剰気味のものも存在している。すなわち，し好と簡便を追った食生活は，過去の遺物と思われた脚気を再来させたかと思えば，肥満・生活習慣病等々に悩む人びとの増加をもたらし，日本の食生活の今日的問題の一つがここに浮きぼりにされている。

　一方において，すでに述べたように，日本自体の食糧自給率の低さはまさに驚くべきものがあり，世界的視野における食糧事情を考えても，先進的技術と能力をもつ日本人による水産・畜産・林産を含む広義の農業の振興は重要課題と思われる。

　それに加えて，食品公害という言葉に象徴される食品の質的汚染は，本人ならびに子孫にじわじわと押し寄せる健康障害への不安をつのらせる。

　このような事態にあって，われわれはどのような食生活の方向を国民に示せるのであろうか。もちろん，学問・技術の進歩と実践の積み重ねによって，その方向は動くであろうが，国民の健康を守るための食生活の方向を，現時点における一つの例示としてあげることは重要と考える。

8.2 栄養・食糧・食品公害問題

　自然科学的観点を主にして日本人の食生活を考えるとき，筆者は整理しやすいように栄養面と安全面に分類し，後者をさらに量の問題と質の問題にまず分けてみることにしている。それらをうまく統合してみてわれわれの食生活を点検するとともに，これからのあり方を考えてみようと思う。

　すなわち，健康な食生活を確立するためには，貧血，肥満，生活習慣病などといった現代的栄養失調問題を頭にいれると同時に，食糧資源対策をたて，そのうえ有害食品に基づく健康障害も防止しうる食生活を考える必要があろう。

8.2.1 栄養問題

　栄養面では，国民栄養調査によれば，一部の栄養素を除いてほぼ満足のできる状況とはいえるが，依然として欠乏している微量栄養素がある一方で，過剰気味の栄養素

もある。このような食生活により，脚気の再来，肥満や生活習慣病の増加など，新たな問題が生じている。

しかし成長期や貧血の人などは別としても，平均的には，特にタンパク質を一生懸命摂る時代は，過去のものとなった。

8.2.2 量的安全問題：食糧資源

まず，量的安全問題としては，食糧資源問題があげられる（これはもちろん人口問題と表裏一体なので，人口対策も重要な課題である）。世界的な食糧不足も予期されているというなかで，日本の穀物自給率は低く，すでに約30％を割っている。したがって，当然大量の食糧を輸入しているわけであるが，もしそれがなくなったと仮定すると，日本人の栄養素摂取量は著しく減少することになる。一方では，アジアやアフリカなどで飢えている人びとを無視して，世界各国から食糧をかき集めている現状でよいのかどうかという問題もある。また，飼料を含む食糧輸入が増加すると，たとえばそれに含まれる窒素が日本社会に投入されることとなり，日本の土地や河川，湖沼に窒素が増え，微生物による脱窒素能力を超えて窒素が蓄積されたときの生態学的影響，あるいは食糧輸入により国内には少なかった有害微生物や有害化学物質の侵入による悪影響など，といった面からの注意も必要である。

こう考えてくると，安全な食生活のためには食糧自給を高めることに努力しなければなるまい。

8.2.3 質的安全問題：有害食品

つぎに，質的安全面では，生物（微生物を含む），自然毒，化学物質の問題があげられる。このうち微生物や自然毒は人類との長いつきあいがあり，化学物質に比べれば経験も豊富であるが，化学物質は比較的歴史も新しく不明なことが多い。そのため，"食品公害"という言葉にも象徴されるように，その害作用に対する大きな不安が示され，また，現実に多くの被害も生じている。

8.3 日本人の食生活の一方向

さて，以上のような状況のなかで，われわれはどのような食品摂取を考えるべきであろうか。

植物性食品のうち，日本人が古くから利用してきた大豆やソバは，すぐれた植物性タンパク質源であり，米や麦と組み合わせて食べるとそれらタンパク質への補足効果がある点からも意味のある食品である。さらに一般に，植物油・魚油中に多いPUFA＝高度不飽和脂肪酸による血中コレステロール低下作用は有名である。なお，精白度の低い穀類には，概してEを含むビタミンその他が多いので，農薬などの汚染の少ない未精白穀類を得る努力は重要である。また，自給率が高くタンパク質の価値の高い米以外に，食物繊維やある種のミネラル，ビタミン源となる雑穀類の再検討も望まれよう。

いも類を多食する伝統的食形態のトンガ王国の人びとには，太っていても健康に生き生きと生活している人も少なくないという。生活習慣病予防の面から難消化性多糖類（食物繊維）やカリウムなどが評価されているが，それらの多い食品の一例としてもいも類は見直される価値がある。

　また，野菜，果物に多いビタミンCがカドミウムなどの毒性低下やある種の発がん物質生成抑制に有効なこと，あるいは，海藻，野菜（ゴボウなど），こんにゃくなどの伝統的食品に含まれるアルギン酸，イヌリン，コンニャクマンナンその他の食物繊維は，血中コレステロールを低下させ，またカドミウム，PCB，タール色素などの毒性を抑えるのに効果があることも記憶しておく価値がある（しかし，その際には吸収阻害されやすい微量元素などの摂取を心掛ける必要がある）。野菜としては，発がん抑制に役立つカロテン含量の高い，いわゆる緑黄色野菜や，抗がん物質の含まれているアブラナ科やツバキ科（お茶など）植物の意味を特に知っておくことである。ある種のきのこ類にも，コレステロール低下成分その他が発見されている。

　動物性食品では，まず，日本人の摂る動物性タンパク質の約50％を補給している魚介類をみてみよう。魚肉の多くは畜肉に比べて動脈硬化をもたらさないし，また大衆魚の油脂中のIPA（EPA）・DHAなどのn-3系脂肪酸には血管中の血栓生成を抑えて心筋梗塞などを防ぐ効果や，リノール酸などのn-6系脂肪酸に由来するといわれるアレルギーを防ぐ働きもある。畜肉同様に，米との組み合わせでタンパク質補足効果もある。また，貝類，イカ・タコ，エビ・カニ，血合い肉などにはコレステロール低下や結石防止などに有効なタウリンというアミノ酸が多い。一方，環境汚染がとくに近海物に及んでいることは，遠洋漁場が狭められた現在，われわれ日本人にとって大きな問題である。環境汚染を減らす努力をするとともに，遠洋漁業に頼らないで済む大衆魚の調理・加工の工夫も大切である。

　畜肉（赤身魚肉も）は成長期の子どもや貧血の人などにはきわめて有効であるが，畜肉の脂肪は農薬などの汚染の心配があるし，動脈硬化性疾患の原因ともなる。さらに，畜肉（なかでも牛肉）は飼料の利用効率が悪いので，牧草によって飼育される家畜の肉は別として，食糧自給の面からも普通のおとなは極力遠慮することである。

　卵のほうが，畜肉生産よりも飼料の利用効率はよい。また，卵白は摂取した水銀の排除に有効だから，自給飼料利用の養鶏技術の再開発を検討することは大切である。もっともこの点は，畜産一般についていえることである。

　牛乳は，日本人に欠乏しやすいカルシウムが多いうえに，ビタミンB_2も豊富で，これらはカドミウムなどの摂取時に，それら有害物質の毒性低下のうえでも意味がある。さらに，牛乳を多く飲む人には胃がんが少ないという疫学調査結果も知っておくとよい。また，ヨーグルトのような発酵乳中の乳酸菌（ビフィドバクテリウムなど）は腸内有害菌排除効果があり，ある種のがん防止などに有効だともいわれる。したがって，自給の牧草飼育を主とした酪農は意味がある。また，山間地の多い日本に向いた

乳用山羊も考えるべきであろう。

　以上みたことを総括すると，従来からの日本人の食事には欠点もあるが，改善しだいでその利点をさらに発展させることができると考えられる。輸入を抑えて日本型食生活をすることは一つの方向といえる。もちろん，食塩や砂糖のような調味料的食品がもつ栄養的な問題点を理解すれば，たとえば白米に漬物だけの昔の日本人的な食事ではよくないのは当然である。しかし，何も畜肉ばかりに目を向けないで，日本人が古くから利用した穀類，いも類，豆類，野菜，海藻，きのこ，魚介類などに，牛乳・卵などを配合した食事というものも重視すべきであろう。

　穀類としては，日本の風土にマッチして生産性が高く自給率100％も可能な米は，その面のみならず，タンパク質の質も小麦に比べて格段に優れている。また，小麦加工品のパンやめん類は概してナトリウム含量が高いというような欠点もある。このように，日本における主食としての米の地位は栄養的にも揺ぎないものがある。しかし，農薬多用などによりもたらされる問題点もある。

　それゆえ，環境に調和しながら有害化学物質の少ない食品を獲得しうる農業，たとえば堆肥や厩肥を活用している有機農業の研究や実験は重要で，消費者の側でもそのような農家の生産物を買い支える姿勢が必要である。

　食品添加物・プラスチック・中性洗剤のような，われわれの生活を簡便にしつつ支えている化学物質に埋没することの問題点も前章で記された。公害の加害者にもなりうる一般消費者の意識改革が消費者運動の基幹である。自覚ある消費者として，これからのあるべき食生活を見直さなければなるまい。

　あまりに簡便性，経済性，し好性ばかりを追求し，かつ西欧化・ファッション化された食生活を盲目的にとりいれていくことは，やめるべきである。日本人は，特有の風土のなかで，不十分かもしれないが，そこに適した食べ物を長い習慣からつくりあげてきたのである。この点から，日本固有の食生活における利点をもう一度見直し発展させる方向で，現代的栄養失調，食糧自給，食品公害などの解決に努力することが大切で，それこそ，世界に誇りうる進化した日本食といえるのである。

【参考文献】
吉田勉編：公衆栄養入門，有斐閣（1978）
吉田勉：食生活の安全，三共出版（1978）
内藤博・吉田勉編：栄養学(1)，有斐閣（1979）
印南敏・桐山修八編：食物繊維，第一出版（1982）
デンス・バーキット/桐山修八監訳：食物繊維で現代病は予防できる，中央公論社（1983）
光岡知足編：腸内フローラと栄養，学会出版センター（1983）
全米科学アカデミー/厚生省公衆衛生局栄養課監訳：がん予防と食生活，日本栄養食品協会（1984）
高宮和彦：ガンと食物—素食のすすめ—，研成社（1986）

付表 1　食生活指針（2000 年）

○食事を楽しみましょう
○1 日の食事のリズムから，健やかな生活リズムを
○主食，主菜，副菜を基本に，食事のバランスを
○ごはんなどの穀類をしっかりと
○野菜・果物，牛乳・乳製品，豆類，魚なども組み合わせて
○食塩や脂肪は控えめに
○適正体重を知り，日々の活動に見合った食事量を
○食文化や地域の産物を活かし，ときには新しい料理も
○調理や保存を上手にして無駄な廃棄を少なく
○自分の食生活を見直してみましょう

付表 2　アクティブガイド
―健康づくりのための身体活動指針―（2013 年）

+10（プラス・テン）から始めよう！
1　気づく！
　体を動かす機会や環境は，身の回りにたくさんあります。
　それが「いつなのか？」「どこなのか？」，ご自分の生活や環境を振り返ってみましょう。
2　始める！
　今より少しでも長く，少しでも元気にからだを動かすことが健康への第一歩です。+10 から始めましょう。
　・歩いたり，自転車で移動 +10！
　・歩幅を広くして，速く歩いて +10！
　・ながらストレッチで +10！
3　達成する！
　目標は，1 日合計 60 分，元気にからだを動かすことです。高齢の方は，1 日合計 40 分が目標です。これらを通じて，体力アップを目指しましょう。
　・18 歳～64 歳　運動で体力アップ 20 分
　　　　　　　　1 日 8,000 歩（40 分）が目安です。
　・65 歳以上　じっとしている時間を減らして，1 日合計 40 分は動きましょう。
4　つながる！
　一人でも多くの家族や仲間と +10 を共有しましょう。
　一緒に行うと，楽しさや喜びが一層増します。

付表 3　健康づくりのための休養指針（1994 年）

1　生活リズムを
　・早めに気付こう，自分のストレスに
　・睡眠は気持ちよい目覚めがバロメーター
　・入浴で，からだもこころもリフレッシュ
　・旅に出かけて，心の切り換えを
　・休養と仕事のバランスで能率アップと過労防止
2　ゆとりの時間でみのりある休養を
　・1 日 30 分，自分の時間をみつけよう
　・活かそう休暇を，真の休養に
　・ゆとりの中に，楽しみや生きがいを
3　生活の中にオアシスを
　・身近な中にもいこいの大切さ
　・食事空間にもバラエティを
　・自然とのふれあいで感じよう，健康の息ぶきを
4　出会いときずなで豊かな人生を
　・見出そう，楽しく無理ない社会参加
　・きずなの中ではぐくむ，クリエイティブ・ライフ

健康増進法（抜粋）

(公布：平成14年8月2日法律第103号)
(最終改正 平成26年6月13日法律69号)

第1章 総則

（目的）
第1条 この法律は、我が国における急速な高齢化の進展及び疾病構造の変化に伴い、国民の健康の増進の重要性が著しく増大していることにかんがみ、国民の健康の増進の総合的な推進に関し基本的な事項を定めるとともに、国民の栄養の改善その他の国民の健康の増進を図るための措置を講じ、もって国民保健の向上を図ることを目的とする。

（国民の責務）
第2条 国民は、健康な生活習慣の重要性に対する関心と理解を深め、生涯にわたって、自らの健康状態を自覚するとともに、健康の増進に努めなければならない。

（国及び地方公共団体の責務）
第3条 国及び地方公共団体は、教育活動及び広報活動を通じた健康の増進に関する正しい知識の普及、健康の増進に関する情報の収集、整理、分析及び提供並びに研究の推進並びに健康の増進に係る人材の養成及び資質の向上を図るとともに、健康増進事業実施者その他の関係者に対し、必要な技術的援助を与えることに努めなければならない。

（健康増進事業実施者の責務）
第4条 健康増進事業実施者は、健康教育、健康相談その他国民の健康の増進のために必要な事業（以下「健康増進事業」という。）を積極的に推進するよう努めなければならない。

（関係者の協力）
第5条 国、都道府県、市町村（特別区を含む。以下同じ。）、健康増進事業実施者、医療機関その他の関係者は、国民の健康の増進の総合的な推進を図るため、相互に連携を図りながら協力するよう努めなければならない。

第2章 基本方針等

（基本方針）
第7条 厚生労働大臣は、国民の健康の増進の総合的な推進を図るための基本的な方針（以下「基本方針」という。）を定めるものとする。
2 基本方針は、次に掲げる事項について定めるものとする。
　一 国民の健康の増進の推進に関する基本的な方向
　二 国民の健康の増進の目標に関する事項
　三 次条第1項の都道府県健康増進計画及び同条第2項の市町村健康増進計画の策定に関する基本的な事項
　四 第10条第1項の国民健康・栄養調査その他の健康の増進に関する調査及び研究に関する基本的な事項
　五 健康増進事業実施者間における連携及び協力に関する基本的な事項
　六 食生活、運動、休養、飲酒、喫煙、歯の健康の保持その他の生活習慣に関する正しい知識の普及に関する事項
　七 その他国民の健康の増進の推進に関する重要事項
3 厚生労働大臣は、基本方針を定め、又はこれを変更しようとするときは、あらかじめ、関係行政機関の長に協議するものとする。
4 厚生労働大臣は、基本方針を定め、又はこれを変更したときは、遅滞なく、これを公表するものとする。

（都道府県健康増進計画等）
第8条 都道府県は、基本方針を勘案して、当該都道府県の住民の健康の増進の推進に関する施策についての基本的な計画（以下「都道府県健康増進計画」という。）を定めるものとする。
2 市町村は、基本方針及び都道府県健康増進計画を勘案して、当該市町村の住民の健康の増進の推進に関する施策についての計画（以下「市町村健康増進計画」という。）を定めるよう努めるものとする。
3 国は、都道府県健康増進計画又は市町村健康増進計画に基づいて住民の健康増進のために必要な事業を行う都道府県又は市町村に対し、予算の範囲内において、当該事業に要する費用の一部を補助することができる。

（健康診査の実施等に関する指針）
第9条 厚生労働大臣は、生涯にわたる国民の健康の増進に向けた自主的な努力を促進するため、健康診査の実施及びその結果の通知、健康手帳（自らの健康管理のために必要な事項を記載する手帳をいう。）の交付その他の措置に関し、健康増進事業実施者に対する健康診査の実施等に関する指針（以下「健康診査等指針」という。）を定めるものとする。

第3章 国民健康・栄養調査等

（国民健康・栄養調査・実施）
第10条 厚生労働大臣は、国民の健康の増進の総合的な推進を図るための基礎資料として、国民の身体の状況、栄養摂取量及び生活習慣の状況を明らかにするため、国民健康・栄養調査を行うものとする。
2 厚生労働大臣は、国立研究開発法人医薬基盤・健康・栄養研究所（以下「研究所」という。）に、国民健康・栄養調査の実施に関する事務のうち集計その他の政令で定める事務の全部又は一部を行わせることができる。
3 都道府県知事（保健所を設置する市又は特別区にあっては、市長又は区長。以下同じ。）は、その管轄区域内の国民健康・栄養調査の執行に関する事務を行う。

（生活習慣病の発生の状況の把握）
第16条 国及び地方公共団体は、国民の健康の増進の総合的な推進を図るための基礎資料として、国民の生活習慣とがん、循環器病その他の政令で定める生活習慣病（以下単に「生活習慣病」という。）との相関関係を明らかにするため、生活習慣病の発生の状況の把握に努めなければならない。

第4章 保健指導等

（市町村による生活習慣相談等の実施）
第17条 市町村は、住民の健康の増進を図るため、医師、歯科医師、薬剤師、保健師、助産師、看護師、准看護師、管理栄養士、栄養士、歯科衛生士その他の職員に、栄養の改善その他の生活習慣の改善に関する事項につき

住民からの相談に応じさせ，及び必要な栄養指導その他の保健指導を行わせ，並びにこれらに付随する業務を行わせるものとする。

2　市町村は，前項に規定する業務の一部について，健康保険法第63条第3項各号に掲げる病院又は診療所その他適当と認められるものに対し，その実施を委託することができる。

(都道府県による専門的な栄養指導その他の保健指導の実施)

第18条　都道府県，保健所を設置する市及び特別区は，次に掲げる業務を行うものとする。

一　住民の健康の増進を図るために必要な栄養指導その他の保健指導のうち，特に専門的な知識及び技術を必要とするものを行うこと。

二　特定かつ多数の者に対して継続的に食事を供給する施設に対し，栄養管理の実施について必要な指導及び助言を行うこと。

三　前二号の業務に付随する業務を行うこと。

2　都道府県は，前条第1項の規定により市町村が行う業務の実施に関し，市町村相互間の連絡調整を行い，及び市町村の求めに応じ，その設置する保健所による技術的事項についての協力その他当該市町村に対する必要な援助を行うものとする。

(栄養指導員)

第19条　都道府県知事は，前条第1項に規定する業務(同項第一号及び第三号に掲げる業務については，栄養指導に係るものに限る。)を行う者として，医師又は管理栄養士の資格を有する都道府県，保健所を設置する市又は特別区の職員のうちから，栄養指導員を命ずるものとする。

(市町村による健康増進事業の実施)

第19条の2　市町村は，第17条第1項に規定する業務に係る事業以外の健康増進事業であって厚生労働省令で定めるものの実施に努めるものとする。

(都道府県による健康増進事業に対する技術的援助等の実施)

第19条の3　都道府県は，前条の規定により市町村が行う事業の実施に関し，市町村相互間の連絡調整を行い，及び市町村の求めに応じ，その設置する保健所による技術的事項についての協力その他当該市町村に対する必要な援助を行うものとする。

(報告の徴収)

第19条の4　厚生労働大臣又は都道府県知事は，市町村に対し，必要があると認めるときは，第17条第1項に規定する業務及び第19条のこに規定する事業の実施の状況に関する報告を求めることができる。

第5章　特定給食施設等
第1節　特定給食施設における栄養管理
(特定給食施設の届出)

第20条　特定給食施設(特定かつ多数の者に対して継続的に食事を供給する施設のうち栄養管理が必要なものとして厚生労働省令で定めるものをいう。以下同じ。)を設置した者は，その事業の開始の日から1月以内に，その施設の所在地の都道府県知事に，厚生労働省令で定める事項を届け出なければならない。

2　前項の規定による届出をした者は，同項の厚生労働省令で定める事項に変更を生じたときは，変更の日から1月以内に，その旨を当該都道府県知事に届け出なければならない。その事業を休止し，又は廃止したときも，同様とする。

(特定給食施設における栄養管理)

第21条　特定給食施設であって特別の栄養管理が必要なものとして厚生労働省令で定めるところにより都道府県知事が指定するものの設置者は，当該特定給食施設に管理栄養士を置かなければならない。

2　前項に規定する特定給食施設以外の特定給食施設の設置者は，厚生労働省令で定めるところにより，当該特定給食施設に栄養士又は管理栄養士を置くように努めなければならない。

3　特定給食施設の設置者は，前2項に定めるもののほか，厚生労働省令で定める基準に従って，適切な栄養管理を行わなければならない。

第2節　受動喫煙の防止

第25条　学校，体育館，病院，劇場，観覧場，集会場，展示場，百貨店，事務所，官公庁施設，飲食店その他の多数の者が利用する施設を管理する者は，これらを利用する者について，受動喫煙(室内又はこれに準ずる環境において，他人のたばこの煙を吸わされることをいう。)を防止するために必要な措置を講ずるように努めなければならない。

第6章　特別用途表示
(特別用途表示の許可)

第26条　販売に供する食品につき，乳児用，幼児用，妊産婦用，病者用その他内閣府令で定める特別の用途に適する旨の表示(以下「特別用途表示」という。)をしようとする者は，内閣総理大臣の許可を受けなければならない。

6　第1項の許可を受けて特別用途表示をする者は，当該許可に係る食品(以下「特別用途食品」という。)につき，内閣府令で定める事項を内閣府令で定めるところにより表示しなければならない。

付則抄

(栄養改善法の廃止)

第2条　栄養改善法(昭和27年法律第248号)は，廃止する。

索 引

BMI　81
EPA　95
FAO　91
FTA　95
HACCP　146

IPCC　100
IPM　107
JSDマーク　66
LISA　105
n-3系脂肪酸　152

n-6系脂肪酸　152
OECD　105
TPP　95
UNEP　104
WTO　94

あ 行

悪性新生物　77
アクリルアミド　136
アグロフォレストリー　107
亜酸化窒素　101
アテローム硬化症　78
アブラナ科　152
天水農地　103
アラル海　104
アルギン酸　152
アルコール依存症　75
アルコール性肝疾患　78
アレロパシー　108
胃がん　83
一汁三菜　41
一日摂取許容量（ADI）　134
一価不飽和脂肪酸　79
遺伝子組換え食品　141
稲作伝来　45
異　物　133
インスリン　80
ウイルス　125
ウルグアイ・ラウンド　94, 110, 115
栄養強調表示　23
栄養教諭　72
栄養改善法　14
栄養機能食品　22, 141
栄養教諭　29
栄養思想　12
栄養士法　14-16
栄養成分表示　23
エコファーマー　107
エストロゲン　87
江戸わずらい　46
エネルギー自立・安全保障法　97
塩田　36, 38
塩類集積　102, 112
オガララ帯水層　103
オゾン　101
オゾン層　101
オゾン層破壊　104
オリジナルエネルギー　99
オリジナルカロリー　99
温暖化　103

か 行

改革開放政策　98
外　食　43
会席料理　39, 56
懐石料理　39, 56
海洋酸性化　101
価格支持　94
価格支持融資　96
価格・所得政策　96
価格変動対応型支払い　96
加工食品　42
過食症　75
脚　気　73
学校栄養職員　73
学校給食　70
学校給食法　18, 28, 70
ガット　94
カドミウム　128
カビ毒　130
竈　45
甕　45
カルチトニン　87
がん　82
簡易生命表　60
灌漑農地　102, 103, 105
環境破壊型農業　105
環境保全・持続型農業　105
間　食　65
完全給食　70
感染防御因子　62
環太平洋戦略的経済連携協定　94
危　害　120
寄生虫　129
基礎支払い　105
基礎代謝量　91
喫　煙　83
機能性表示食品　22, 141
期末在庫率　96
吸啜力　63
吸啜運動　64
境界価格　96
共通農業政策　97
郷土料理　53
虚血性心疾患　78
拒食症　75

漁　労　32, 33
緊急食料援助　94
クドア　129
くも膜下出血　79
グリーニング支払い　97, 105
クロスコンプライアンス　105
クワシオコール　92
ケアンズ・グループ　94
経口感染症　124
経済連携協定　95
血色素　74
欠　食　73
ケの日　49
健康増進法　15, 16, 155
健康づくりのための運動指針2003　82
健康日本21　82
高血圧症　78
高尿酸血症　78
国際家族農業年　117
国際土壌年　101
国民健康・栄養調査　19, 60
穀物自給率　111
国連食糧農業機関　91
甑（こしき）　45
孤食　70
個食　43, 70
孤食　43
五節句関連行事　50
骨折　69
骨粗鬆症　76, 87
コーデックス（Codex）委員会　146
コンニャクマンナン　152

さ 行

細菌性食中毒　124
採　取　32, 33
再生可能燃料基準　97
最大骨塩量　87
在宅訪問管理栄養士　26
茶　道　47
サルコシスティス　129
産業革命　40
酸性雨　101, 103
酸性化　112
三大死因　77

支持価格　96, 97
脂質異常症　78
歯周病　78
持続農業法　106
市町村保健センター　25
脂肪エネルギー比率　61, 69
自由貿易協定　95
種子の箱舟計画　108
主食用穀物自給率　111
授乳　76
狩猟　32, 33
循環器病　78
正月関連行事　49
食育基本法　71
荘園　34-36
小規模家族農業　117
条件不利地域援助　96
条件不利地域政策　105
硝酸塩　104
精進料理　37, 39, 48, 56
小児肥満　67
消費革命　40-42
食育基本法　43
食事摂取基準　18
食中毒　121
食中毒統計　121
食中毒予防の三原則　124
食の外部化　43
食のグローバル化　43
食品安全対策　145
食品成分表　20
食品添加物　133
食品表示法　21, 145
食物アレルギー　143
食料安全保障　113, 114
食料自給率　111, 114
食料自給力　116
食料自給力指標　116
食料需給表　90, 111
食料主権　118
食料・農業・農村基本計画　111, 116
食料廃棄　91
食料ロス　91
初乳　62
飼料自給率　111
神経性食欲不振症　75
神経性大食症　75
人工栄養　61
心疾患　77
身体活動　82
神武景気　40, 41
水銀　127
水稲栽培　33
水漿類　46

スマトラ沖地震・インド洋津波　110
生活習慣病　68
生産責任制　98
世界恐慌　40
世界種子貯蔵庫　108
世界食料価格危機　110, 115
世界食料サミット　113
世界貿易機関　94
石油危機（オイルショック）　40
摂食障害　75
施肥効果　101
セラード地帯　103
センターピボット灌漑システム　103
総合食料自給率　111, 116
総合的病害虫管理　107
咀しゃく運動　64
咀しゃく機能　86

た 行
ダイエット　69, 76
ダイオキシン　132
大饗料理　35, 54
大戦景気　40
大腸がん　83
タウリン　152
多角的貿易交渉　94
多価不飽和脂肪酸　79
高床倉庫　33
多感作用　108
竪穴住居　33, 34
多発性神経炎　73
多面的機能発揮推進法　106
蛋白尿　76
地域保健法　15
窒素肥料　104
中山間地域等直接支払制度　110
調整粉乳　63
直接固定支払い　96
直接支払い　97
通過儀礼　49
痛風　82
ツバキ科　152
低栄養　86
低投入持続型農業　105
鉄欠乏性貧血　74
点滴灌漑　108
伝統行事　35
問丸　36
唐菓子　47
糖尿病　78, 80
動物性食品　152
動脈硬化　78
毒キノコ　125
特定給食施設　26
特定健診・保健指導　14

特定保健用食品　21, 66, 140
特別用途食品　141
特定フロン　101
特別用途食品　21
地租改正　40
土壌浸食　102
土壌の流出　112
土壌の劣化　101, 102
土壌保全留保計画　105
土地収奪　94
突然変異原性　83
ドーハ・ラウンド　94
トランス脂肪酸　136
ドリップ式灌漑　10

な 行
内臓脂肪蓄積　78
内食　43
中食　43
難消化性多糖類　81, 152
南蛮菓子　48
南蛮文化　48
南蛮料理　48
二期作　115
肉食禁止令　49
2 次汚染　124
二重価格　95
2014 年農業法　96
ニトロソアミン　137
日本型食生活　42
日本人の食事摂取基準　61
二毛作　115
乳がん　83
乳児死亡率　60, 92
尿酸　82
妊娠　76
妊娠高血圧症候群　76
妊娠肥満　76
年中行事　49
農業改善・改革法　96, 97
農業環境規範　106
農業環境政策　105
農業生物資源ジーンバンク　108
農業保全地役権計画　105
農業リスク補償　96
脳血管疾患　77
農耕儀礼　50
脳梗塞　79
脳出血　79
脳卒中　79
農薬　131
農林複合経営　107

は 行
バイオエタノール政策　96, 97
バイオディーゼルフューエル　100

索　引

バイオテクノロジー　109
バイオ燃料　99, 117
バイオリアクター　112
8020運動　86
発がん性　83
ハレの日　49
班田収授法　34
非う蝕性甘味料　66
非関税障壁　94
非持続型農業　105
ヒスタミン　126
微生物農薬　107
ヒ素　127
ビタミンK欠乏性頭蓋内出血　62
ビタミンB_1欠乏症　74
ビフィドバクテリウム　152
肥満傾向児　67
肥満症　78
䊾飯（ひめめし）　45
貧血　74
フグ　125
袱紗料理　39
福祉施設　27
不耕起栽培　107
不足払い制度　96
普茶料理　39

フードサプライチェーン　91
フードファディズム　141
粉食文化　47
文明開化　41
平均寿命　60
ヘモグロビンＡ１ｃ　81
偏食　67
放射性物質　132
放射線照射食品　133
保健機能食品　139
保健機能食品制度　22
保健所
保険診療報酬　30
ポジティブリスト制度　131
ポストハーベスト農薬　110
保全管理計画　105
ボディイメージ　75
母乳栄養　61
本膳形式　37
本膳料理　39, 55

ま行

マイコトキシン　130
マラスムス　92
マングローブ　110
味覚　64
緑の革命　107

ミニマムアクセス　116
ミニマムアクセス機会　94
ミニマムアクセス米　94
無形文化遺産　43
虫歯　66
無毒性量　134
飯類　46
メタンガス　105
メトヘモグロビン血症　104
メタボリックシンドローム　78

や行

焼き畑　104
野生鳥獣肉（ジビエ）　138
有機農業推進法　106
輸出補助金　94

ら行

ランドグラブ　94
ランドラッシュ　94
リスク管理　145
リスクコミュニケーション　145
リスク評価　145
リスク分析　144
離乳　63

わ行

和食　43
和洋折衷　41

著者紹介（執筆順）

＊吉田　勉	1952 年	東京大学農学部畜産学科卒業
	1958 年	同大学院（旧制）（農芸化学専攻）修了
	現　在	東京都立短期大学名誉教授　農学博士（1, 8）
篠田粧子	1977 年	米国ロングウッド大学家政学部卒業
	現　在	首都大学東京大学院人間健康科学研究科教授　農学博士（2）
高森恵美子	1979 年	東京都立立川短期大学食物学科卒業
	現　在	青梅市管理栄養士（委嘱）
		小平市・東村山市各健康センター非常勤栄養士（2）
小林理恵	1992 年	東京家政大学家政学部栄養学科卒業
	2009 年	東京家政大学大学院家政学研究科人間生活学専攻
		博士後期課程修了
	現　在	東京家政大学家政学部栄養学科准教授　博士（学術）（3）
鵜飼光子	1976 年	群馬大学教育学部卒業
	1982 年	お茶の水女子大学大学院人間文化研究科博士課程修了
	現　在	北海道教育大学大学院教育研究科教授　学術博士（3）
佐川まさの	2010 年	東京女子医科大学大学院医学研究科
		衛生学公衆衛生学（二）分野修了
	現　在	東京女子医科大学東医療センター外科助教　医学博士（4）
新澤祥恵	1970 年	北陸学院短期大学食物栄養科卒業
	2008 年	愛媛大学大学院農学研究科修士課程修了
	現　在	北陸学院大学短期大学部食物栄養学科教授　農学修士（5）
布施眞里子	1973 年	お茶の水女子大学家政学部食物学科卒業
	1975 年	同大学院家政学研究科食物学専攻修了
	現　在	湘北短期大学生活プロデュース学科教授　家政学修士（5）
宮沢栄次	1970 年	東京大学農学部農芸化学科卒業
	1977 年	同大学院農学系研究科博士課程修了
	現　在	成城大学社会イノベーション学部心理社会学科教授
		農学博士（6）
小島聖子	1993 年	女子栄養大学栄養学部栄養学科栄養科学専攻卒業
	1998 年	女子栄養大学大学院栄養学研究科修士課程栄養学専攻修了
	現　在	女子栄養大学生涯学習講師・
		戸板女子短期大学食物栄養科非常勤講師　栄養学修士（7）

（＊は編著者）

新版 健康と食生活

2016 年 4 月 15 日　第一版第一刷発行　　◎検印省略

編著者　吉　田　　勉

発行所　株式会社　学文社　　郵便番号　153-0064
　　　　　　　　　　　　　　　東京都目黒区下目黒 3-6-1
発行者　田中千津子　　☎03(3715)1501　FAX 03(3715)2012
　　　　　　　　　　　振替口座　00130-9-98842

Ⓒ 2016 YOSHIDA Tsutomu　Printed in Japan
乱丁・落丁の場合は本社でお取替します。　　印刷所　倉敷印刷
定価は売上カード，カバーに表示。

ISBN 978-4-7620-2642-3